U0345754

江晓原 著

中 华 书 局

图书在版编目(CIP)数据

中国古代技术文化/江晓原著. —北京:中华书局,2017.8
(2018.3 重印)
ISBN 978-7-101-12721-8

Ⅰ.中… Ⅱ.江… Ⅲ.科学技术-技术史-中国-古代
Ⅳ.N092

中国版本图书馆 CIP 数据核字(2017)第 182344 号

书　　名　中国古代技术文化
著　　者　江晓原
责任编辑　贾雪飞　王　亮
封面题签　丁沪东
装帧设计　刘　丽
出版发行　中华书局
　　　　　(北京市丰台区太平桥西里 38 号　100073)
　　　　　http://www.zhbc.com.cn
　　　　　E-mail:zhbc@zhbc.com.cn
印　　刷　北京瑞古冠中印刷厂
版　　次　2017 年 8 月北京第 1 版
　　　　　2018 年 3 月北京第 2 次印刷
规　　格　开本/880×1230 毫米　1/32
　　　　　印张 7　插页 3　字数 130 千字
印　　数　10001-20000 册
国际书号　ISBN 978-7-101-12721-8
定　　价　42.00 元

江晓原近照

江晓原，1955年生，上海交通大学讲席教授，博士生导师，科学史与科学文化研究院院长。曾任上海交通大学人文学院首任院长、中国科学技术史学会副理事长。

1982年毕业于南京大学天文系天体物理专业，1988年毕业于中国科学院，中国第一个天文学史专业博士。1994年中国科学院破格晋升为教授。1999年春调入上海交通大学，创建中国第一个科学史系。已在国内外出版专著、文集、译著等90余种，并长期在京沪报刊开设个人专栏，发表大量书评、影评及文化评论。科研成果及学术思想在国内外受到高度评价并引起广泛反响，新华社曾三次为他播发全球通稿。

目录

辑二

辑三

尾声

导言：换一种思路看待中国古代的技术成就

关于中国古代是否有科学，以及如何评价这个问题本身的意义，都和科学的定义直接相关；而愿意使用哪一种定义，又涉及更为深层的问题，所以一直存在着各种各样的争议。但与此形成鲜明对比的是，对于中国古代的技术成就，因为有目共睹，就很少争议。因此，从中国古代的技术成就出发，尝试思考这些技术成就背后的理论支撑是什么，不失为一个富有启发意义的问题。

古代的技术成就靠什么理论支撑？

在我们已经普遍接受的来自现代教育所灌输的观念体系中，我们习惯于认为，技术后面的理论支撑是科学。在当下的情境中，这一点确实是事实。但是，很多人在将这一点视为天经地义时，却并未从理论上深入思考。

例如，如果对“科学”采取较为严格的定义，则现代意义上的、以实验和数学工具为特征的科学，至多只有三四百年的历史，那么即使只看西方世界，在现代科学出现之前，那里的种种技术成就如何解释？那些技术成就背后的理论支撑又是什么呢？举例来说，欧洲那些古老的教堂，都是在现代力学理论出现之前很久就已经建造起来了，那些巨大的石质穹顶，当然可以视为技术奇迹，但这种技术奇迹显然不是由以万有引力作为基础的现代力学理论所支撑的。

当我们将视野转向中国时，这样的问题就会变得更为明显和尖锐。

比如都江堰，秦国蜀郡太守李冰父子在公元前3世纪建成的大型水利工程，引水灌溉成都平原，使四川成为天府之国，真正做到了“功在当代，利在千秋”，两千多年过去，都江堰至今仍发挥着巨大作用。都江堰这样惊人的技术成就，背后支撑的理论是什么呢？人们当然无法想象李冰父子掌握了静力学、重力学、流体力学、结构力学等现代科学，更容易也更有把握猜想到的是，李冰父子熟悉阴阳五行周易八卦……

中医呵护了中华民族健康几千年

在今天很多人的观念中，阴阳五行之类都很容易被归入“迷信”和“糟粕”之列。这种“划界”结果，也确实是我们多年来许多教科书所赞同的。多年来，遭受这种“划界”结果伤害最严重的，莫过于中医，因为中医明确将阴阳五行作为理论支撑。

在20世纪上半叶，中医几乎已面临灭顶之灾。那时有一个残酷而荒谬的口号：“是科学则存，非科学则亡。”西医界和“科学界”在这个口号之下，发起了一次又一次废除中医的“运动”。而最令人惊奇的是，一些中医的支持者居然也接受了这个口号，因此他们的“救亡”路径，就变成竭力证明“中医也是科学”。

可是一旦试图论证“中医也是科学”，立刻就会面临这样的问题：中医是用什么理论来支撑的？如果答案还是“阴阳五行”，立刻就会遭遇更加气势汹汹的质问：难道阴阳五行也算科学吗？科学和迷信还有没有区别？正是在这样捉襟见肘进退维谷的理论困境中，中医被一些“科学原教旨主义者”宣布为“伪科学”，中医界人士对此无不痛心疾首。

到这里我们就有必要从宏观上回顾中医的历史——这种宏观的历史回顾具有明显的启发意义，却经常被人忽略。

在西医大举进入中国之前，几千年来中华民族的健康毫无疑问是由中医呵护的。要问这种呵护的成效，我们只需注意一个简单的事实：晚清的中国人口已达四亿。四亿人口，这就是中医呵护中华民族健康的成效。放眼当时的世界，这个成效也足以傲视群伦。

也就是说，数千年来，中医作为一种呵护中华民族健康的技术，它是行之有效的。而且在西医大举进入中国之后，甚至在“是科学则存，非科学则亡”的狂风暴雨之后，它仍然幸存了下来，至今仍然行之有效。就好比都江堰至今仍然在灌溉滋养着天府之国的成都平原一样，中医中药至今仍然是许多国人面对疾病时的选项之一。

从理论上为中医辩护的路径

一、为中医争取“科学”地位（目前许多中医界人士和中医支持者就是这么做的），为此就要求承认阴阳五行也是“科学理论”，而这会遭到科学界的普遍反对。

二、坚持阴阳五行是“迷信”和“糟粕”，为此不惜将中医视为“伪科学”，某些思想上奉行“科学原教旨主义”的人士就是这么做的，但他们被中医界视为凶恶的敌人——从客观效果上看也确实如此。

三、采取更开放更宽容的立场，否定“是科学则存，非科学则亡”这一原则。即使是在科学技术已经君临天下的今天，我们生活中也仍然需要许许多多“非科学”的东西。比如，诗歌是科学吗？昆曲是科学吗？如果贯彻“是科学则存，非科学则亡”这样的原则，为什么还要容忍这些东西存在？

诗歌、昆曲都是我随意举的例子，并无深意，但下面这个问题却不是没有意义的：为什么从来没有人说诗歌或昆曲是“伪科学”？

“科学原教旨主义者”将会回答说，这是因为诗歌和昆曲从未宣称过自己是“科学”，而中医却试图将自己说成科学。

这个虚拟的回答，提示了中医在理论上“救亡”的第三条道路：

不再徒劳宣称自己是科学，而是理直气壮地说：我就是我，我就是中医。既然我没打算将自己说成科学，也就没人能够将“伪科学”的帽子扣到我头上。至于别人是否愿意将我视为“科学”，我无所谓。

从屠呦呦的青蒿素到霍金的《大设计》

现在我们不得不承认，并非所有的技术成就都是依靠现代科学理论来支撑的。至少有一些重要的技术成就是由非科学、甚至是由和现代科学格格不入的理论所支撑的。一旦在理论上接纳了这一点，我们眼中的历史和世界，就会呈现出一番新面貌。

首先，我们不再简单化地以现代科学为标尺，去削足适履地衡量古代和现代的一切技术成就，并强制性地将这些技术成就区分成“科学的”和“非科学的”，甚至以此来决定我们对待某项技术成就是支持还是反对，是重视还是冷落。2015 年屠呦呦以青蒿素而获诺贝尔奖，应该有助于我们在这个问题上深入反思。

其次，我们有必要反思我们看待外部世界的现行方式——这种方式至今还被许多人想当然地认为是看待外部世界最好最“科学”的方式。在这种看待外部世界的方式中，我们不仅确信一个“纯粹客观的”、“不以人的意志为转移的”外部世界的存在，而且确信自己能够认识和掌握这个外部世界的规律，还确信现代科学为我们描绘的这个外部世界的图景是唯一正确的。在这样的观念框架中，依托现代科学以外的任何其他理论对外部世界的描绘，都被认为是毫无意义的“迷信”或“糟粕”。

而事实上，举例来说，我们对人类身体的认识就远远不够，所以至今西方人并不像我们习惯的那样将医学视为科学的一部分（他们通常将科学、数学、医学三者并列）。用西方学者熟悉的话语来说，在中医和西医眼中，人体是两个完全不同的“故事”：一个有经络和穴位，一个却只看到肌肉、骨骼、血管、神经等。由于我们的思想和意识寄居在其中，所以我们很难将人体视为一个纯粹的“客观存在”。

推而广之，我们对整个外部世界的认识，其实普遍存在着类似的状况。著名物理学家史蒂芬·霍金在堪称他“学术遗嘱”的《大设计》一书中，对我们如何认识外部世界这一问题的论述，是近年来最值得注意的哲学讨论之一，极富启发性。霍金表示，对于外部世界，他主张“依赖模型的实在论”（model-dependent realism），而所谓模型，就是我们所描绘的外部世界图像。他强调指出，从古至今，人类一直在使用不同的外部世界图像，而且这些不同的图像在哲学上具有同等的合理性。根据霍金的上述观念，完全可以认为，支撑中医这个技术体系的阴阳五行理论，就是人类用来描述外部世界的图像之一，虽然这个图像我们今天已经很少使用，但它又何尝没有哲学上的合理性呢?

辑一

钓鱼城：战争史诗中的技术

数年前，我就在报纸上写过文章，感叹中国那么多大制片人、大导演，那么多年来，怎么就始终没人想到拍伟大的战争史诗大片《钓鱼城之战》？因为那是一场持续数十年、令人热血沸腾、真正惊天地泣鬼神的战役！当年它即使没有改变历史，至少也是延迟了历史。事实上，它曾经震惊了几乎整个欧亚大陆。

1242年，南宋王朝在蒙古铁骑的兵锋扫荡下，连战皆北，城池接连陷落，半壁江山已经支离破碎。在此危难之秋，余玠受命出任四川安抚制置使，负责四川地区的抗战事宜。他听从了冉琎、冉璞兄弟的建议，决定在钓鱼山上筑城，作为合州的州治。次年共筑山城十余处，作为各州郡的治所，其中最重要者即为钓鱼城。

此后直到1279年，三十六年间，对于蒙古大军来说，钓鱼城就是他们的眼中钉肉中刺，是他们战无不胜神话的终结者，更是他们的噩梦之城，伤心之地！三十六年间，在蒙古铁骑无数次的疯狂进攻面前，钓鱼城“婴城固守，百战弥坚”。在1259年钓鱼城英雄史诗的高潮中，大汗蒙哥统帅的蒙古大军横扫四川，周围郡县相继陷落或投降，只有孤独的钓鱼城，沧海横流中尽显英雄本色，始终无法攻陷。六月，蒙军总帅汪德臣被城中火炮击毙；七月，蒙哥大汗本人被城中火炮击伤，回营伤重不治而死。蒙哥之死导致蒙古大军全线北撤，南宋小朝廷又得以多延续了二十年。在蒙古铁蹄蹂躏下呻吟的中亚各族，闻之额手称庆，留下一句名言："上帝的鞭子折断了！"

小小钓鱼城，为何可以创造出如此的战争奇迹，除了城中军民万众一心忠勇爱国的精神因素，技术上的因素也是极端重要的。钓鱼城之所以竟能坚守数十年不被攻克，想来必有其"可持续坚守"之道。

钓鱼山位于嘉陵江转弯形成的河套中，此处又是嘉陵江与渠江、涪江三江汇合之处，钓鱼城因山势以筑城，周回十余里，总面积有 380 多万平方米。作为一个军事要塞来说，应该算相当大的了。今日钓鱼城中，林木萧森，给人的感觉像进了森林公园，只有看到宋代留下的城墙时，才意识到是在一座城中。所以城中可以种植庄稼，而且还有天然水源（类似山泉，至今仍在），相传当年守城军民曾给蒙古军队送去了鱼——表示城中资源富足，无论你们围攻多久都不怕。

但是，要坚守三十六年，仅有粮食和水当然是不够的。兵员、器械、军用物资等，都需要补充。在蒙古大军的围困中，钓鱼城如何获得补充呢？

当我亲身站在这座山城中时，才体会到当年冉氏兄弟修筑钓鱼城的远见和智慧。

钓鱼城除了依险峻山势建筑的城墙，在城北和城南还各有一个水军码头。码头当然在城墙外面，然而奇妙的是，在两个码头处，各有一道城墙从山上一直延伸到江中——几乎到达江心。这两道被称为“一字城”的城墙，不仅保护了南北水军码头，而且封断了整个嘉陵江河套地区。换句话说，它们使得嘉陵江成为钓鱼城北、西、南三面的天然护城河。而且宋军可以依托一字城作战，直接控制嘉陵江水上通道。

现在推测起来，在钓鱼城三十六年的攻防战中，除了山城的地利、军民忠勇爱国的人和之外，宋军应该还有两个方面是占有某种技术优势的。

一是水军。一字城和水军码头表明，钓鱼城当时拥有一支轻型内河舰队。它至少可以在这三十六年中间的很多时间里保持着嘉陵江水上通道的畅通，使钓鱼城得到战争物资的补充，同时也可以协助守城。而在宽阔的嘉陵江上，蒙古铁骑显然没有优势。

二是火炮。在 1259 年的攻城高潮中，蒙军总帅汪德臣被城中火炮击毙，蒙哥大汗本人被城中火炮击伤而死，表明蒙古军队当时在火炮方面也没有优势。

水军和一字城，使得钓鱼城在北、西、南三面都相当安全，基本上只要面对东面从陆上来的攻城压力。而钓鱼城中居高临下的火炮，又使得蒙古军队从东面的仰攻极为困难。蒙哥大汗就是为了更好地视察前线军情，在登上钓鱼城新东门外一座叫做“脑顶坪”的小山丘时，被城中火炮击中的。

在欧洲文艺复兴时期，许多著名的建筑工程师想尽办法要修筑“永不陷落”的要塞城池，他们要是知道遥远东方的冉氏兄弟，早在 1243 年就修筑了固若金汤的钓鱼城，一定会爽然自失、自愧弗如的吧?

为了故事的完整，当然还要交代钓鱼城三十六年英雄史诗的结局。

钓鱼城最终的弃守，是一次体面的和平。1279 年，蒙哥的继任者元世祖忽必烈几乎已经攻占中国全境，但钓鱼城仍在宋朝军民坚守之下。这时南宋已经无力回天，谁都看得出再打下去已经没有任何意义。守将王立遂主动向元军谈判投降，元军也没有执行二十年前蒙哥临终留下的要对钓鱼城“赭城剖赤”的遗嘱。

就在钓鱼城和平终战后一个月，陆秀夫背负着南宋最后一个皇帝（一个幼儿），在崖山蹈海而死，大宋王朝就此画上句号。

都江堰：古代水利工程的奇迹

公元前256年，秦国蜀郡太守李冰及其子，率众建成大型水利工程都江堰，引水灌溉成都平原，四川被称为“天府之国”，李冰父子居功至伟，诚所谓“功在当代，利在千秋”。两千多年过去，都江堰至今仍发挥着巨大效益。因这一水利工程历史悠久，规模宏大，布局合理，运行有效，且与环境和谐结合，从历史和科学两方面看都具有独特价值，都江堰名列全国重点文物保护单位，并于2000年联合国世界遗产委员会第24届大会上被确定为世界文化遗产。

都江堰坐落于四川省都江堰市城西，位于成都平原西部的岷江上。是全世界迄今为止唯一留存的以无坝引水为特征的宏大水利工程。都江堰水利工程由鱼嘴分水堤、飞沙堰溢洪道、宝瓶口引水口三大主体工程，以及百丈堤、人字堤等附属工程构成。科学地解决了江水自动分流、自动排沙、控制进水流量等问题。两千多年来，一直发挥着防洪灌溉作用。据1998年的统计，都江堰灌溉范围达40余县，灌溉面积达到66万余公顷。

都江堰水利工程堪称世界水资源利用的典范。现代水利专家对它的科学水平惊叹不止。比如飞沙堰，平时可引水灌溉，洪水来临则可以排水入外江，且有排砂石作用，其设计被认为是巧妙运用了回旋流理论。又如分水鱼嘴，建在岷江中，强行将江水分为两路：一路顺江而下，另一路被迫流入宝瓶口。由于内江窄而深，外江宽而浅，于是当枯水季节水位较低时，大部分江水流入河床低的内江，保证成都平原的水源；若当洪水来临，则水位升高，于是大部分江水从江面较宽的外江排走，这种自动调节内外江水量的设计，即所谓“四六分水”。李冰父子当年“深淘滩、低作堰”、“乘势利导、因时制宜”、“遇湾截角、逢正抽心”等治水方略，现代对都江堰工程进行维护时仍遵循不变。

相当令人惊奇的是，2008 年 5 月 12 日，四川汶川县发生 8 级大地震。都江堰是距震中最近的地区之一，但未发现都江堰水利工程受损的迹象。据震后亲临都江堰考察的建筑史专家常青院士表示：当地现代建筑绝大多数倒塌损毁，而两千两百多年前建造的都江堰竟安然无恙，实在令人叹为观止。

关于李冰主持建造都江堰的传统说法，也受到质疑。质疑者主要基于对古代文献的解读和辨析。例如，《史记》说李冰“凿离堆避沫水之害”，质疑者认为“沫水”是大渡河的古称，而不是指古代一般称为“江”的岷江。又如《华阳国志》记载，古蜀国的开明“决玉垒山以除水害”，与《水经注》中“江水又东别为沱，开明之所凿也”相应证，似乎开明在李冰之前就开凿了宝瓶口这一都江堰的关键工程。不过宝瓶口所处的山脉晚到唐朝时才开始使用“玉垒山”这一名称，故成书于西汉的《华阳国志》所指之玉垒山当在别处。

这些质疑基本上属于细枝末节，最多只是对李冰父子是否拥有都江堰水利工程“设计专利”的质疑，用于谈助或花絮固无不可，但对这一工程本身的价值没有任何影响。

都江堰修建至今已两千两百余年，仍能够发挥巨大作用，固然令人惊叹，但是也不能忽视历代官员、工程技术人员和民众对这一工程的长期维护。如果没有精心维护，都江堰也不可能至今仍在继续造福成都平原。

从秦代开始，都江堰一直以竹笼盛装卵石结合木桩构筑。元朝时四川肃政廉访使吉当普首次引入铁石结构，以锚铁浆砌条石结构代替传统的竹笼卵石简易结构，对“岸善崩者，密筑江石以护之”，又首次铸造了一万六千斤的铁龟代替鱼嘴。这次工程采用当时最先进的铁石材料建筑，是都江堰历史上的重大革新。明清两朝先后四次采用铁石结构大修都江堰枢纽。嘉靖二十九年（1550），水利佥事施千祥以浆砌条石灌注铁水固定的方法重修堰体堤坝，并且以 7 万斤生铁铸造了铁牛鱼嘴。光绪三年（1877），四川总督丁宝桢又以铁石结构改造了堰体和堤坝。1936 年，四川省水利局长张沅主持都江堰大修，重新设计鱼嘴，采用巨型条石构筑，采用了混凝土技术。这次修建非常成功，奠定了现代鱼嘴的基础（1974年因修筑外江节制闸被拆除）。

中华人民共和国成立后，都江堰工程的各个关键部位都以混凝土进行加固和保护。最重要的变化，是都江堰原有的自动分水系统逐渐被人工控制的水闸所代替。现在都江堰水利工程与古代相比，虽然已有很大不同，但无论如何，它仍然是建立在两千两百多年前的基础之上的，它继续见证着中华民族的高度智慧。

《营造法式》：古代第一部建筑工程官方规范

北宋元符三年（1100），将作监少监李诫编成《营造法式》，是为中国第一部详细论述建筑工程技术及规范的官方著作，于崇宁二年（1103）正式颁行。此书集宋代建筑设计与施工经验之大成，并对后世产生了深远影响。对于中国古代建筑史研究，对于唐宋建筑的发展，以及考察宋代及以后的建筑形制、工程装修技术、施工组织管理等，此书皆具有不可替代的作用。

全书36卷，357篇，凡3 555条。除前面的“看详”和目录各一卷外，正文34卷，主要内容如下：

“看详”：主要说明以前的各种数据、做法及来由，如屋顶曲线的做法等。

卷一、二：《总释》和《总例》，《总释》对书中所出现的各种建筑物及构件名称、条例、术语做规范诠释。指出所用词汇在各个不同时期的演变，统一术语。《总例》是全书通用的定例，并包括测定方向、水平、垂直的法则，求方、圆及各种正多边形的实用数据，广、厚、长等常用词的涵义，有关计算工料的原则等。

卷三：壕寨制度、石作制度。

卷四、五：大木作制度。规定了“材”的用法。大木作的比例和尺寸，均以“材”为基本模数。

卷六至十一：小木作制度。

卷十二：雕作制度、旋作制度、锯作制度、竹作制度。

卷十三：瓦作制度、泥作制度。

卷十四：彩画作制度。

卷十五：砖作、窑作制度。

以上共计13个“作”，即工种的制度，并说明如何按照建筑物的等级来选用材料，确定各种构件之间的比例、位置、相互关系。详述建筑物各个部分的设计规范、各种构件的比例标准数据、施工方法和工序、用料规格和配合成分，以及砖、瓦、琉璃的烧制方法。

卷十六至二十五：规定各工种在各种制度下的构件劳动定额和计算方法。各工种所需辅助工数量，以及舟、车、人力等运输所需装卸、架放、牵拽等工额。最值得注意的是记录了当时测定各种材料的容重。

卷二十六至二十八：规定各工种用料定额，及应该达到的质量。

卷二十九至三十四：当时的测量工具，石作、大木作、小木作、雕木作和彩画作的平面图、剖面图、构件详图，以及各种雕饰与彩画图案。

《营造法式》是我国古代最完整的建筑技术书籍，

标志着中国古代建筑已经发展到了较高阶段。

《营造法式》在北宋刊行时的现实意义，据说并不是对建筑施工的规范和指导，而是严格的工料限定。此书是王安石执政期间制订的各种财政、经济的有关条例之一，意在杜绝建筑工程中的贪污现象。因此书中以大量篇幅叙述工限和料例，例如对劳动定额，首先按四季日的长短分中工（春、秋两季）、长工（夏季）和短工（冬季）。工值以中工为准，长短工各增减百分之十，军工和雇工亦有不同定额。其次，对每一工种的构件，按照等级、大小和质量要求，包括运输远近距离，甚至考虑了水路运输时水流的顺流或逆流，加工的木材的软硬等，都规定了工值的计算方法。对于各种材料的消耗也有详尽而具体的定额。这些规定为指定施工预算和组织订出了严格标准，既便于组织生产，也便于实施检查。不过，以今天的常识来看，如此细密的数据，在实际经济生活中不可能长期不变，因此《营造法式》的颁行能不能有效杜绝当时建筑工程中的贪污现象，并不是没有疑问的。

《营造法式》的历史意义，则在于可以从中看到北宋时的宫殿、寺庙、官署、府第等木结构建筑所使用的方法，使今人能在实物遗存较少的情况下，对宋代建筑获得非常详细的了解。通过书中的记述，还能知道现存建筑所不曾保留的，或现今已不使用的一些建筑设备和装饰，如檐下铺竹网以防鸟雀、室内地面铺编织的花纹竹席（类似今之铺地毯）、椽头用雕刻纹样的圆盘装饰等。

《营造法式》的崇宁二年（1103）刊行本已无存世者，南宋绍兴十五年（1145）曾经重刊，但刊本亦已无存。南宋后期平江府也曾重刊，但仅留残本，且已经元代修补。现在常用的《营造法式》版本是1919年朱启钤在南京江南图书馆（今南京图书馆）发现的丁氏抄本（后习称“丁本”），居然完整无缺。后据以缩小影印，是为石印小本；次年由商务印书馆按原大本影印，是为石印大本。

1925年，陶湘以“丁本”与《四库全书》文渊、文溯、文津各本中收入的《营造法式》校勘后，按宋残叶版式和大小，刻版印行，是为“陶本”，后由商务印书馆据以缩小影印成《万有文库》本，1954年重印，此为普及本。

火药及其西传：究竟是谁将骑士阶层炸得粉碎？

火药被列为中国著名的“四大发明”之一，但关于此事的争议也非常之多。

为了让我们不至于迷失在无穷无尽的争议之中，首先应该明确两个基本概念。

第一是黑火药和黄火药的区别。关于火药是否为中国最先发明的争议中，争议的对象都是指黑火药，即由硝石、硫黄和炭按一定比例混合而成的混合物。而近代欧洲军事和工业中广泛使用的，都是黄火药（黄色炸药），它是一种化合物，起源于1771年合成的苦味酸——最初是作为黄色染料使用，1885年法国用它装填炮弹之后，开始在军事上广泛应用。因为这是一种黄色结晶体，黄色炸药的名称便由此而来。此后快速发展改进，品种繁多。我们现在通常所说的“炸药”，指的都是黄火药（黄色炸药）系统。而这个黄火药系统与黑火药之间没有任何承传关系。

第二是火药和燃烧物的区别。燃烧物在燃烧时，一个必要条件是消耗氧，所以阻断新鲜空气的进入可以中止燃烧（使之无法补充氧）。而火药（炸药）在燃烧（爆炸）时，无需外界提供氧，此时发生的过程是一种“自供氧燃烧”。在黑火药的成分中，硝石就是扮演着氧化剂的角色。因此在讨论黑火药的发明或传播过程中，硝石是非常关键的因素。

黑火药在晚唐时（9世纪末）已经出现，对它的研究始于中国古代炼丹术。

炼丹家对于硫黄、砒霜等具有猛毒的金石之药，在使用前常用烧灼之法以“伏”其毒性（使毒性消解或降低），或以此来改变药物被加热后易挥发、易爆燃的状况，此种工艺称为“伏火”。从流传下来的“伏火”方子看，通常都有硝石、硫黄和炭末，学者们相信，黑火药就是无意中通过这些“伏火”方子而诞生的。

黑火药对于丹房（炼丹术实验室）来说是有害无益之物，因为它会导致失火甚至爆炸。但是军事家却很快发现它有大用途。

黑火药有可能在唐末已被用于军事用途，但真正重要的证据出现在宋代。北宋天圣元年（1023），朝廷在开封设置“火药作”，这是“火药”之名首次出现于中国史籍。庆历四年（1044）曾公亮、丁度等编纂《武经总要》，堪称中国第一部古典军事百科全书，该书前集卷十二《守城 · 火药法》中，完整记录了三种黑火药配方。以其中“蒺藜火球火药方”为例，配方中硝、硫、炭的比例依次是50.6%、26.6%、22.8%，还有少量其他配料。这三个配方的刊载，标志着黑火药的发明研制阶段已经基本结束，它已经正式进入北宋国家军队装备系列，而且开始标准化了。

对于中国人的黑火药发明权，并不是没有争夺者。

“希腊火”(Greek fire)。据记载在公元前5世纪已用于战争，11—13世纪十字军东征，阿拉伯军队和十字军双方都曾用“希腊火”进行火攻作战。但这只是一种燃烧剂，其配方中没有硝石成分，这意味着它不能满足“自供氧燃烧”，因而不可能是火药。

“海之火”(Sea fire)。7世纪出现，是一种用于海战的、以虹吸管喷射的燃烧剂或烟火剂。拜占庭帝国在君士坦丁堡保卫战中，多次用“海之火”焚毁敌人战船，故视之为天赐神物，对其配方严格保密。至18世纪，“海之火”的配方被考证出来，其中有硫黄，但是没有硝石成分，所以也不可能是火药。

印度。有些以讹传讹的西方记载说，印度人在抵抗亚历山大大帝东征时曾使用火器，但事实上印度军队直到13世纪仍未装备火器。最早在印度境内出现的“火箭”是蒙古军队遗留下来的。

罗杰尔·培根。在一些西方著作中，13世纪的著名学者培根（Roger Bacon）居然也荣膺了黑火药的发明权。据说他留下了一个以隐语写成的黑火药配方——有人将这句隐语实施了重新排列、增补字母等“手术”之后，变成了“硝石7份，炭5份，硫黄5份”的所谓黑火药配方。许多学者认为这样的“考证”只是文字游戏而已。况且即使培根发明了黑火药，那也在《武经总要》的黑火药配方之后200年了。

总的来看，将黑火药的发明权归于中国人，是证据最充足的。

公元8—9世纪，伴随着医药和炼丹术知识，硝也由中国传到阿拉伯，当时被称为“中国雪”，而波斯人称之为“中国盐”。那时他们还只知道将硝石用在治病、金属冶炼和制作玻璃制品的工艺中。

13世纪上半叶，蒙古军队西征，在和阿拉伯和欧洲军队的作战中，使用了中国制造的火球、火药箭等火器。1260年，元军在与叙利亚作战中被击溃，阿拉伯人缴获了火箭、毒火罐、火炮、震天雷等火药武器，由此掌握了火药武器的制造和使用。13—14世纪之交，阿拉伯人制成了作战用的木质管形射击火器。还有一种可能，认为关于火药的知识是13世纪由商人经印度传入阿拉伯世界的。而希腊人通过翻译阿拉伯人的书籍才知道火药。

火药武器传到阿拉伯世界之后，在阿拉伯人与欧洲国家的长期战争中，阿拉伯人使用了火药兵器，这终于使得欧洲人逐步掌握了制造火药和火药兵器的技术。

恩格斯对军事史有一定的研究，他曾高度评价中国在黑火药发明中的首创作用：“现在已经毫无疑义地证实了，火药是从中国经过印度传给阿拉伯人，又由阿拉伯人和火药武器一道经过西班牙传入欧洲。”这个说法基本是符合历史事实的。

有些论者对于在中国的“四大发明”中列入火药一项十分不满，试图从多方面否定中国发明黑火药的历史地位和作用。

其论证之法，主要就是从强调黑火药和黄火药的区别入手。

从诚实的角度来说，我们当然不应该将中国人发明的黑火药和今天通用的黄火药故意混为一谈，更不应该有意无意地引导人们得出“中国人发明了今天的炸药”的误解。

但是，只要稍有历史意识，就应该注意到黄火药发明和进入军事应用的时间——它起源于 1771 年发明的苦味酸，最初被作为黄色染料使用，直到 1885 年才进入军事用途。黄火药的广泛使用是在 19 世纪后期。那么再来看“火药把骑士阶层炸得粉碎”的论断，难道欧洲的骑士阶层直到 19 世纪后期还没有被“炸得粉碎”吗？如果他们在此之前已经被“炸得粉碎”了，那么请问他们是被什么火药炸碎的呢？

毫无疑问，他们还是被中国人发明的黑火药炸碎的。

所以，如果我们认为火药“把骑士阶层炸得粉碎”而改变了历史，那么这一笔历史功绩，还是要记在发明了黑火药的中国人账上，而不能记在发明了黄火药的欧洲人账上。

司南：迄今为止只是一个传说

司南神话的基础

随着前些时候围绕候风地动仪真假问题的争议，这个曾出现在中国中小学课本中的“中国古代科技成就”，基本上可以认定只是一个古代的传说。许多年轻人曾对这件器物的存在深信不疑，现在他们颇有上当受骗之感。

2010年底，我应邀评议一套新编的小学《科学》课本，发现另一件中国古代器物——司南——也出现在课本上：“在2 000多年前，中国人就制作了司南。将一块天然磁石雕磨成匙状，让它在刻有方位的水平底盘面上自由地转动，结果磁石的匙柄总是指向南方。”当时我建议再版时将这上面引的这段话去掉，或者至少将司南的插图去掉，因为预感到司南将成为紧随地动仪后下一个进入公众视野的争议对象（学术界的争议此前就有）。没想到这种预感竟如此准确——这样的争议文章在2011年1月的《看历史》杂志上就出现了。

为什么司南会成为下一个进入公众视野的争议对

象？这就是“城门失火，殃及池鱼”的道理。当地动仪神话垮掉之后，和它同类的司南神话就很难独善其身。更何况仅就古代文献依据而言，司南还不如地动仪可靠。

建构司南神话所依据的历史文献，最重要的是如下两条：

> 夫人臣之侵其主也，如地形焉，即渐以往，使人主失端，东西易面而不自知。故先王立司南以端朝夕。（《韩非子·有度》）

> 司南之杓，投之于地，其柢指南。（《论衡·是应篇》）

为了将司南——它被视为后世指南针的基础——的历史提前到汉代乃至先秦，从而确保中国“四大发明”的优先权，上面这两条史料是至关重要的。不幸的是，这两条史料都有严重问题。它们都可以（甚至应该）作别的解释。

《韩非子》中的那一条，明显是在讨论人主如何保持权柄不让臣下犯上，“端朝夕”是指严肃君臣之礼——早上人主召见臣下。故此处“司南”显然是指“规章”、“礼制”之类的抽象事物。

《论衡》中的那条，在宋代版本中“司南之杓”作

“司南之酌”，而“酌”可以解释为“用”；更成问题的是“其柢指南”中的“柢”，意思是一段横木。于是这段话就可以释读为：“使用司南时，将它放在地上，那段横木指向南方。”这样的“司南”是什么？一眼就可以看出它是“指南车”，而不是能指南的磁石勺子。

究竟有没有人造出过一具真的司南？

那么这个多年来一直出现在中小学课本中的“天然磁石勺子”的司南图像，究竟从何而来的呢？它来自科技考古专家王振铎（1911—1992）的假想。

王振铎从20世纪30年代开始，受中央研究院委托研制中国古代科技模型；50年代起曾任文化部文物局博物馆处处长、中国历史博物馆研究员等职。和一些古人一样，他是相信司南神话的。他从1945年即开始复制司南，依据的就是《论衡》中的那条记载——他用的是明版的文本“司南之杓”，所以他将司南假想为一个能指南的磁石勺子。在1947年发表的一篇论文中，王振铎报告说他用天然磁石制成了司南：“琢珑成司南后，置于地盘（仿自刻有方位的古代式盘）上投转之，……其杓指南。”

我以前曾将指南车、候风地动仪、水运仪象台称为中国古代的“三大奇器”，如果加上司南，可称“四大奇器”。这四大奇器王振铎全都复制过。尽管究竟怎样才算“复制”其实是有疑问的，但王振铎当时的权威和名声已足以让许多人相信他论文中的报告。一个有力的例证，是中国在1953年发行邮票《伟大的祖国》（特7.4，全套4枚），其中第一枚即为司南，说明文字为：“司南·指南仪器·战国（公元前三世纪）”。发行邮票是“国家行为”，通常意味着得到了官方的高度认可。

发行邮票当然会对公众产生广泛影响，而在学术界，王振铎复制司南的报告也得到了相当广泛的认可。比如，在李约瑟原著、罗林改编的《中华科学文明史》中，就肯定了王振铎“用天然磁石做成的指南勺”，并说“他所用的磁石来自汉代人几乎肯定也能找到的地方”（上海人民出版社，2010，585页）。又如，在戴念祖等著的《中国物理学史》中，专为司南设立了一小节，结论是：“司南诞生于汉代，或更早的战国时期。自汉以降，司南屡被制造并被用作定向仪器。”（广西教育出版社，2006，204页）

但是，1952年，当时的中国科学院院长郭沫若为访问苏联准备礼物时，请中国科学院物理研究所制作一具司南，谁知用天然磁石制作的司南却无论如何无法指南。主要原因是，即使将磁石加工得极为光滑，并且将地盘的材质从木质换成青铜，天然磁石的磁力仍远不足以克服磁勺和地盘之间的摩擦力。最后只好用电磁线圈给磁勺充磁，它才能够指南。虽然这具司南还是被作为礼物送给了苏联，但战国或汉代当然不可能有充磁的电磁线圈，所以它已经不是真正的“复制”了。

当时王振铎正担任文物局博物馆处处长，人们很自然会想到，他 1947 年论文中报告的那具天然磁石制成的司南，究竟在哪里呢？杨东晓发表在《看历史》上的文章中说：“这把能指南的天然磁勺，除了在论文中出现过之外，却再也没有音讯。当《看历史》杂志记者向国家博物馆考古学家孙机求证时，孙机表示，国博的研究者们至今没有见过这把天然磁勺。”后来博物馆中的司南陈列品，则都是用充过磁的金属制成。

其实，对于王振铎复制成功天然磁石司南的疑问，即使在上述两种肯定司南复制的学术著作中，也不无蛛丝马迹。李约瑟说“指南勺不可能是用磁化了的铁制成的”；戴念祖则说“王振铎复制司南太考究，以致其复制品的剩余磁性极弱”。他们为何要这么说？这是委婉的暗示吗？

中国科学史上“四大奇器”之命运列表

对古代仪器真正意义上的复制，必须同时满足两个条件：

一、复制品要达到古代文献中记载的功能，比如司南要能指南，候风地动仪要能反映地震，水运仪象台要能靠水力驱动并完成自动报时和天象演示。

二、复制品不能使用古代记载中不存在的技术手段，比如用电磁线圈对磁勺充磁，或在水运仪象台内部安装电动机。

按照上述两个条件，司南违反了第二条，候风地动仪至少违反了第一条。前不久又有人高调宣布“复制”候风地动仪成功，但是此后地震频仍，2011 年的日本地震达到 9 级，为何不见该地动仪成功反映的报告？至于水运仪象台，复制者众多，而且往往缩小了比例（历史文献记载中水运仪象台高约 12 米，王振铎复制品缩小为五分之一），但至今没有一座能够真正依靠水力运行，也至少违反了第一条。只有指南车，上述两个条件都能满足。

如将“四大奇器”合而观之，情况可归纳如下表：

情况/奇器	司南	指南车	候风地动仪	水运仪象台
有无历史文献记载	有	有	有	有
记载中有无内部结构描述	不需要	无	无	相当详细
现代复制是否公认真正成功	否	是	否	否
是真有如此奇器，还是传说？	传说	可信其有	传说	传说

故本文的结论是：“四大奇器”之中，目前只有指南车复制成功，可以相信古代确有其物。而司南、候风地动仪、水运仪象台三器，迄今为止只能认为是古代的传说——即使曾有过其物，其神奇功能也只是传说。

除非今后出土了司南实物，或真正复制成功，结论方有可能改变。

造纸：优先权争夺中的求全之毁

在发明纸张之前，中国人使用过如下这些材料来书写文字：

甲骨，龟甲与兽骨（多为牛的肩胛骨），目前发现的遗物，主要是商代作为占卜之用的。据郭沫若的意见，甲骨文从初创至成熟，需要 1 500 年以上，故其起源或许可追溯到约公元前 3000 年。

各种金属器具，使用最多者为青铜，流行于先秦时期，称为金文或钟鼎文。

石，勒石的文献见于各种碣、碑、崖刻等，自秦代起一直沿用到现代。

竹简和木简，广泛应用于先秦至三国两晋时期。还有稍宽的木板，称为牍。

帛，蚕丝制成的纺织品，量少价昂。1973 年出土的马王堆汉墓帛书可为代表。

关于纸的发明，以前传统说法是“蔡伦造纸”。蔡伦是东汉时期的一个宦官，《后汉书 · 蔡伦传》载：“自古书契多编以竹简，其用缣帛者谓之为纸。缣贵而简重，并不便于人。伦乃造意，用树肤、麻头及敝布、鱼网以为纸。元兴元年奏上之。帝善其能，自是莫不从用焉，故天下咸称‘蔡侯纸’。”此说在中、外著作中长期沿用，尊蔡伦为纸的发明者，把他向汉和帝刘肇献纸的公元 105 年作为纸的诞生年份。

其实在史籍中，可以找到一些蔡伦以前的关于纸的记载。如《三辅旧事》上说：卫太子刘据鼻子很大，汉武帝不喜欢他。江充给他出了个主意，教他再去见武帝时“当持纸蔽其鼻”。此事发生在公元前 91 年。又如《汉书·外戚·孝成赵皇后传》记载：赵昭仪派人给后宫女官曹伟能送去毒药和一封“赫蹄书”，逼曹自杀。应劭谓“赫蹄”即“薄小纸也”。再如《后汉书·贾逵传》说，汉章帝令贾逵选二十人教以《左氏传》，并“给简、纸经传各一通”，此事在公元 76 年。以上记载皆都早于公元 105 年。

故一种意见认为，纸在公元 105 年之前早已出现，蔡伦只是作为尚方令（职掌管理皇室工场、负责监造各种器械）组织了充足的人力物力，监制出一批精良纸张而已。后经推广，遂“天下莫不从用焉”。

另一种意见则坚持认为蔡伦为我国造纸术的发明者，理由是据汉代许慎《说文解字》中有关“纸”的解释，在蔡伦之前文献中所提及之纸，皆为丝质纤维构成，实际上并不是纸。《后汉书·蔡伦传》中也说“其用缣帛者谓之为纸”。“蔡侯纸”当然不会是只出蔡伦一人之手，但“用树肤、麻头及敝布、鱼网以为纸”确实是蔡伦的“造意”，所以纸的发明权当然应该归于蔡伦。

上述两种意见中，后一种足以消解前一种的各条证据，应该是较为可信的。

但是自从所谓“灞桥纸”之说出现之后，关于中国纸的发明就起了争端。

支持在西汉已经发明纸的意见，主要依据一些出土的“古纸”：如1933年在新疆罗布淖尔古烽燧亭中发现的“西汉古纸”，据认为年代不晚于公元前49年；1957年5月在陕西省西安市灞桥出土的“古纸”，经过分析鉴定，认为是西汉麻纸，据认为年代不晚于公元前118年；1973年在甘肃居延肩水金关发现了据认为不晚于公元前52年的两块麻纸；还有1978年在陕西扶风中延村出土了据认为是西汉宣帝时期的三张麻纸、1979年在甘肃敦煌县（今敦煌市）马圈湾西汉烽燧遗址出土了八片西汉麻纸、1986年甘肃天水放马滩出土的据认为是西汉文帝时期的纸质地图残片，等等。

持西汉已经有纸意见的人士相信，当时的纸已经可供写绘之用，于是断言，西汉初年的造纸技术已经基本成熟。

反对西汉有纸的意见则认为，要造成一张中国式的植物纤维纸，要经过剪切、沤煮、打浆、悬浮、抄造、定型干燥等基本工艺操作，故而“灞桥纸”不是真正意义上的纸。从外观看，其纸腩松弛，纸面粗糙，厚薄相差悬殊。经过实体显微镜和扫描电子显微镜观察，发现绝大多数纤维和纤维束都较长，说明它的切断程度较差，是由纤维自然堆积而成，没有经过剪切、打浆等造纸的基本操作过程，不能算真正的纸。所谓的“灞桥纸”，或许只是沤过的纺织品下脚料，如乱麻、线头等纤维的堆积物，由于长年垫衬在古墓的铜镜之下，受镜身重量的压力而形成的片状。此外，其余几种所谓的“西汉古纸”，也都是十分粗糙，充其量不过是纸的雏形。

还有的学者还认为，在墓主人的生活时代未能确切查明以前，很难对墓中“古纸”的年代作出令人信服的判断，不能排除后代人夹带进来的可能性。为何长沙马王堆汉墓出土文物如此丰富，但除了千百根简策和丝织古纸帛画，并无一片麻纸？有的研究者还从出土的灞桥纸上辨认出上面留有与正楷体相仿的字迹，酷似新疆出土的东晋写本《三国志 · 孙权传》上的字体，据此认为灞桥纸可能是晋代的产品。

这里可以附带提到，有些人士力倡“灞桥纸”之说，可能是出于“为中国人争第一”的动机。此一动机应该如何评价是另一个问题，但我们应该看到，如果试图通过拓宽“纸”的定义（实际上也就是降低对“纸”的技术要求）来为中国争第一，那将无论如何也争不过古埃及。因为只要从“蔡侯纸”往外稍一拓宽，古埃及的纸（Papyrus）就将立刻入选，而纸莎草纸年代上可以比“灞桥纸”早约3 000年！

自从蔡伦纸“天下莫不从用焉”之后，纸成为竹简、木牍、缣帛等书写材料的有力竞争者，至3—4世纪已基本上取代了简帛。

此后，造纸术首先传入与我国毗邻的朝鲜和越南，随后传到日本。大约4世纪末，百济在中国人的帮助下学会了造纸，不久高丽、新罗也掌握了造纸技术。此后高丽造纸技术不断提高，至唐宋时高丽的皮纸反向中国出口。西晋时，越南人也掌握了造纸技术。610年，朝鲜和尚昙征渡海到日本，献造纸术于圣德太子，太子下令推广，后来日本人尊他为纸神。

造纸术传入阿拉伯，标志性的年份是751年——是年的怛罗斯之战，唐安西节度使高仙芝统帅的唐军大败，被阿拉伯军队俘虏的唐军士兵中有从军的造纸工匠。阿拉伯最早的造纸工场是由中国人帮助建造的，造纸技术也是由中国工匠亲自传授的。10世纪造纸技术传至大马士革、开罗和摩洛哥。

欧洲人是通过阿拉伯人了解造纸技术的，最早接触纸和造纸技术的欧洲国家，是一度为阿拉伯人和摩尔人统治的西班牙。欧洲的第一个造纸场，被认为是1150年阿拉伯人在西班牙的萨狄瓦建立的。此后13世纪在意大利，14世纪在法国，陆续出现了造纸厂，至17世纪，欧洲各主要国家都有了自己的造纸业。在造纸术向西方流传的过程中，阿拉伯人的传播之功不可忽视。

现有的证据表明，造纸术是沿着唐朝→阿拉伯→欧洲这一路线传播的。

中韩印刷术发明权争夺战

韩国人疯狂争夺发明权

2001年6月，联合国教科文组织终于认定，在韩国清州印刷的《白云和尚抄录佛祖直指心体要节》(印刷于1377年)为世界最古老的金属活字印刷品。2005年9月，由韩国政府资助，联合国教科文组织在清州为《白云和尚抄录佛祖直指心体要节》举行了大型纪念活动。

最近几年，关于韩国试图夺取中国“四大发明”之一印刷术发明权的争议，十分热闹。虽然从根本上说，中国人在雕版印刷术和活字印刷术上的发明权都是不可动摇的，但是近年韩国学界和官方不遗余力的宣传活动，确实也在世界上产生了相当的影响。这些活动激起了一些中国人士的愤怒，争论中（尤其是网上的争论）难免有意气用事甚至带有民族沙文主义色彩的言论。

与其义愤填膺地争论，何如心平气和地考察？让我们静下心来，看看这场争夺战的来龙去脉。

中国人在雕版印刷术上的优先权无可争议

先看雕版印刷术。大唐咸通九年（868），王玠印造了雕版印刷《金刚经》，该经卷末尾印有年份和印造人姓名，原件现藏伦敦不列颠图书馆。这很长时间一直被公认为中国人拥有雕版印刷发明优先权的实物证据，已经成为史学界的定论。这卷《金刚经》当然只是中国人至迟在868年已经使用雕版印刷术的证据，按照常识推论，中国人也完全有可能在此之前已经使用雕版印刷术。

风波起于1966年，在韩国庆州佛国寺舍利塔内，发现了一件雕版印刷品《陀罗尼经咒》，原件上没有年份。但是其中几个特殊的汉字是武则天在位期间（680—704）创制使用的。此件的印刷年份可以这样推测：不早于704年（这年该经才译成汉语），不晚于751年（这年藏有该经卷的舍利塔完工）。韩国学者抓住这一点大做文章，他们宣称：既然《陀罗尼经咒》印刷于704—751年间，那它就比王玠印造的雕版印刷《金刚经》早了百余年，于是得出这卷《陀罗尼经咒》是世界上最早的印刷品，以及“韩国发明印刷术”的结论。

但问题在于，这卷《陀罗尼经咒》究竟是在哪里印刷的？它使用了武则天在位期间的特殊汉字，而且“严格符合中国印刷的模式和方法”，它很可能是庆州佛国寺建成时从中国带来的贺礼——众所周知，唐代中国的佛经、书籍等，经常是朝鲜半岛上层社会热衷于搜寻和购买的珍品。事实上，许多中外学者都认为，这卷《陀罗尼经咒》就是在中国印造的。富路德（L. C. Goodrich）在1967年的论文中就断言：“每件事都指出，印刷术是在中国发明的，并由中国传播到国外。”李约瑟的《中国科学技术史》第五卷第一分册《纸和印刷》(该分册由钱存训著，1985年）也郑重采纳了这一结论。

回想1966年的中国，正处在“文革”的动乱中，人们无暇顾及遥远的朝鲜半岛东南部一个佛寺舍利塔中发现的小小经卷，更没有注意到韩国人借此开始打造“韩国发明印刷术”现代神话的努力。等到改革开放多年之后，中国学者睁眼看世界，才发现韩国人持续不懈打造多年的神话，居然已经在西方和日本广泛流传了！

活字印刷术的优先权韩国人也夺不走

再看活字印刷术。争议的情况更为复杂。

北宋沈括的著名笔记《梦溪笔谈》卷十八“技艺”中。有一段早已被中外著作反复引用了无数次的记载，其要点如下：北宋庆历年间（1041—1048），布衣毕昇发明了活字印刷术。他用泥做成活字字模，然后用火烧结使之坚硬。用“松脂、蜡和纸灰之类”加热熔化冷却后作为固定黏合材料（可反复使用）。这是世界上关于活字印刷术的最早记载，这一点为国际学术界所公认，韩国学者也无异议。

尽管沈括的《梦溪笔谈》中也记述了许多在今天看来难以置信的“怪、力、乱、神”事物（这一点以往几乎所有论及《梦溪笔谈》的著作都避而不谈），但从他对毕昇活字印刷术记载的大量细节来看，这段记载应该是非常可信的。

20 世纪 80 年代末，中国科技大学科学史研究室，在中国科学院上海硅酸盐研究所等单位的协助下，曾进行了泥活字印刷术的模拟实验，证明《梦溪笔谈》中记载的毕昇泥活字印刷术是完全可以实际操作使用的，而不是如某些韩国学者所宣称的，沈括记载的毕昇泥活字印刷术“只是一个想法”。

从中国人用了好几百年的雕版印刷，发展到活字印刷，其间并无不可跨越的鸿沟。但是“活字印刷”即使仅仅作为一个想法，也仍然不失为一个伟大的想法。在这个想法的指引下，继毕昇的泥活字之后，很自然地会出现木活字、金属（主要是铜，也有过其他金属）活字的尝试。

从《梦溪笔谈》对毕昇泥活字印刷术的记载中推测，在毕昇之前已经有人尝试过木活字的印刷，但因木活字的种种缺点而放弃了。三百年后木活字的想法才重新复活，元代王祯于1297—1298年间创制了第一套木活字，并用它印制过《旌德县志》(他担任过六年旌德县的县尹）。木活字最大规模的应用是在清代，1773年，乾隆帝下令刻了一套木活字，共253 500个字（许多常用字要刻多个复本——这一点毕昇就知道了），并用它印刷了《武英殿聚珍版丛书》138种共2 300余卷。

木活字的缺点是对木料的要求极高（否则受热、受潮、受挤压都可能变形），而且印刷多次之后木字就会磨损。泥活字固然没有这些缺点，但金属活字岂不更好？15世纪后期，铜活字在中国江南开始流行。然而，对比各种情况来看，铜活字在中国的境遇并不太好。

华燧（1439—1513）是尝试铜活字印刷术商业化的最重要人物之一。按照钱存训的看法，他是那些发了财之后想要用刻书来博取声誉的富人中的一员，“他狂热地沉湎于书本”，但20年间，他家族办的“出版公司”“会通馆”用铜活字印制的书，也只是“至少有15种，共约1 000卷以上”而已。

到了清朝，朝廷倒是造了25万枚铜活字，并在1728年用这些铜活字印刷了巨型类书《古今图书集成》，然而这套铜活字却在16年后被熔化用来铸造钱币了！

朝鲜半岛对金属活字的青睐

与在中国的境遇相比，铜活字在朝鲜半岛却是大受青睐。

按照韩国文献记载，1234年晋阳公崔怡（1195—1247）在江华岛用铜活字印成《详定礼文》。在1395年和1397年，朝鲜至少还用木活字印刷过明朝的律令和李朝太祖李成桂的传记。

朝鲜大规模铸造活字始于李朝，太宗十一年（1403）命置铸字所，按宋刊本字体铸10万字，称“癸未字”。世宗二年（1420）铸“庚子字”，十六年（1434）铸“甲寅字”，十八年（1436）又铸“丙辰字”。此外又创制了铁活字，印成《西坡集》《鲁陵志》《醇庵集》等书。朝鲜此后很长时间都侧重金属活字印刷，铸有大量活字，据一些学者考证，朝鲜铸造铜、铁、铅等金属活字先后达34次（另一说认为多达40余次），其中33次为政府所铸。这些金属活字绝大部分因兵燹灾害等原因而毁弃，或熔铸为新活字。如今韩国学者所引据的最重要证据，是1377年用金属活字印刷的《白云和尚抄录佛祖直指心体要节》。

从上述文献记载和实物证据来看，在使用金属活字的印刷活动中，朝鲜确实有可能比中国更早。联合国教科文组织2001年将《白云和尚抄录佛祖直指心体要节》认定为世界上最早的金属活字印刷品，在当时也有事实根据。

但是，即便如此，韩国也不可能将活字印刷术的发明权从中国夺走。因为《白云和尚抄录佛祖直指心体要节》的印刷，毕竟晚于毕昇发明活字印刷术300余年。就算朝鲜首先使用了金属活字，那也只是在毕昇活字印刷术的基础上所做的技术性改进或发展，这和"发明活字印刷术"不可同日而语。

其实对于这一点，李朝的朝鲜学者自己是很清楚的，他们都承认中国人在活字印刷术上的发明权。例如，1485年朝鲜活字版《白氏文集》前有金宗直序，其中说："活字法由沈括首创，至杨惟中始臻完善。"虽然将发明者毕昇误为沈括（显然是因为记述此事的沈括名头远大于布衣毕昇之故），但明确确认活字印刷术来自中国。又如，朝鲜学者徐有榘（1764—1845）在《怡云志》卷七《活版缘起》中说："沈括《梦溪笔谈》记胶泥刻字法，斯乃活版之权与也……或用铜造，我东尤尚之。"也明确确认活字印刷术来自中国，而朝鲜后来特别喜欢铜活字。

奇怪的是，这些朝鲜学术前辈明明都承认活字印刷术来自中国，他们的后辈——当代的韩国学者——却视而不见，继续倾力打造"韩国发明印刷术"的现代神话。

综上所述，中国人在雕版印刷术和活字印刷术上的发明权都是不可动摇的，韩国充其量只能夺得"铜活字印刷术"的发明权——实际上也可能再次失落，因为关于在中国境内新发现更早的活字印刷品的报道，近年络绎不绝。只不过这种竞赛如果持续下去，搞得联合国教科文组织每隔几年就重新“认定”一次，也未免迹近儿戏了。

活字印刷术在古代难以商业化

但是接下来，有一个问题一直没有得到重视，那就是：在毕昇发明活字印刷术之后将近一千年间，中国的绝大部分书籍仍然是雕版印刷的！

这个事实是毫无疑问的，我们需要的是解释造成这一事实的原因。

先从客观效果来看，可以肯定的是，活字印刷在古代中国未能成功地商业化。

毕昇并没有因为发明活字印刷术而发财，至少沈括没有这样记载。可以推测的是，毕昇此举多半和林语堂研制中文打字机类似——花费了不少钱，但没有获得商业成功。

明代江苏无锡的华燧，是尝试铜活字印刷术商业化的最重要人物之一，效果如何呢？华燧致力于用铜活字印书，结果是家道“少落”——家族资产缩水，尽管华燧“漠如也”，漠然置之。毫无疑问，铜活字印刷业务没有给他带来商业利润。而与此同时，继续使用中国传统雕版印刷术——其成本远较今人想象的低廉——的书商们，赚钱发财的大有人在。

其他著名的活字印刷“工程”，几乎都没有商业背景。《武英殿聚珍版丛书》和《古今图书集成》都是皇家行动，根本不必考虑经济效益。王祯任县尹时用木活字印刷《旌德县志》，也就是“县委书记”关心“地方志办公室”工作而已，就和今天的地方志出版一样，是政府行为，也不必考虑经济效益。朝鲜李朝大规模使用铜活字印书，几乎都是皇家的政府行为，同样不必考虑经济效益。

那么活字印刷术为什么在古代难以商业化呢？

相比之下，古登堡1439年发明活字印刷术，很快就进入实用商业化阶段。最根本的原因，就是汉字与拼音化的西文之间的差异。一套西文活字，包括大小写和数字及常用符号，不会超过一百个，但是古代常用的汉字需要数万个。如果考虑到常用字的复本，制造一套实用的汉字活字，通常需要20万枚左右，甚至更多。例如印刷《武英殿聚珍版丛书》的那套木活字是253 500枚。由于活字印刷系统需要巨大的前期投资，必然使得一般商人望而却步，所以往往只能由皇家出面来实施。

更大的困难来自排版。在西文活字印刷中，面对不到100个符号，一个排版工人不需要太多的文化就可胜任。但是面对数万个不同汉字（它们通常被按照韵部来排列），一个排版工人就必须有一定文化才行了——至少他必须认识这几万个汉字。只要回忆一下20世纪90年代以前的中文打字机，情况就很清楚了：那时常用汉字已经因为白话文和简体字而减少到只有数千字了，但打字员（通常由女性担任）仍然要面对一个巨大的字盘。和使用西文打字机的西文打字员相比，中文打字员为了能够在字盘中迅速找到需要的汉字，需要远远超过西方同行的训练时间和专业素质。

事实上，汉字最终摆脱了（和西文相比）在活字印刷上的根本劣势，还只有十几年的历史——是电脑写作和电脑排版根本改变了这一局面。展望未来，汉字的辉煌时代还在后面。至于费力多年打造起来的“韩国发明印刷术”的现代神话，最终必将成为见证中华文化传播世界的小插曲——他们所引为证据的文献，不都是汉文汉字的吗？

重新评选中国“四大发明”

关于中国古代的“四大发明”，近年渐成争议题目，这是中国社会和中国人思想观念开放进步的表现，应该欢迎。由此导致对原“四大发明”的重新审视，乃至提出新的“四大发明”候选项目，也有多方面的意义。2006年因为参加央视的一个国庆特别节目，我在谈话中提过一个“新四大发明”选项，就“一不小心”也被卷入了有关争论中。

对于大家熟悉的中国古代“四大发明”，有“挺”和“批”两派。就我个人的感觉而言，似乎是“批”的一派较占上风。主要是因为“挺”派义愤有余而思想武器不足，基本停留在几条陈旧的辩护理由上，到了今天还这样就不容易得到广泛同情了。而“批”派言辞激烈，立场鲜明，自然更容易耸动视听。

既然如此，不如让我们心平气和，将此问题的前世今生稍加梳理，再看看“批”的依据何在，最后看我们可以有什么新的思路。

从争论中所“挖”出的线索来看，关于中国古代“四大发明”之说的演变和成型，依次有如下三个重要人物：佛朗西斯·培根、卡尔·马克思、李约瑟。

培根曾倡言古代“三大发明”：印刷术、火药、指南针，并且从文学、军事和航海活动三方面阐述这些发明的重要意义，说它们“使世界产生了不计其数的变革，以至于没有任何帝国，教派，个人对人类事务产生如此重大的影响力”。不过在《新工具》中他认为，这三大发明“它们的起源模糊不清”，并未将它们归于中国。

后来马克思基本上沿用了培根的说法，认为“火药、指南针、印刷术——这是预告资产阶级社会到来的三大发明。火药把骑士阶层炸得粉碎，指南针打开了世界市场并建立了殖民地，而印刷术则变成了新教的工具，总的来说变成了科学复兴的手段，变成对精神发展创造必要前提的最强大的杠杆”。不过他也没有说这三大发明是中国的。他甚至认为“中国根本就没有科学和哲学”。

尽管在马克思和李约瑟之间还有来华传教士艾约瑟，他最先在上述三大发明中加入造纸术。真正确立“四大发明”之说，并明确将它们归于中国的，被认为是李约瑟。由于李约瑟在中国媒体和公众中的知名度，“四大发明”之说由此深入人心。

值得注意的是，“四大发明”定型的版本是：火药、指南针、造纸术、活字印刷术。这给“批”派提供了相当大的攻击口实。

关于火药，“批”派强调，要区分“黑火药”和“黄火药”两个体系。近现代军事和工业上广泛使用的都是“黄火药”（即“黄色炸药”），故培根所说的对世界历史的影响应该落实在“黄火药”体系。而中国古代所发明的是“黑火药”，而且西方人比中国人更早掌握了“黑火药”的正确配比。所以“批”派断言火药根本不是中国人最先发明的。

关于指南针，“批”派要求区分“水罗盘”和“旱罗盘”，“旱罗盘”被认为是西方人发明的，而“水罗盘”的技术细节，现在仍存在争议。至于更早的“司南”，既无古代实物留存，现代仿制品也未能如古书中所描述的那样顺利运行。所以“批”派认为中国古代至多只是“发现”了磁现象，根本谈不上“发明”了指南针。

关于造纸术，“批”派问道：古代埃及的纸莎草纸（Papyrus）算不算纸？——那比中国东汉的蔡伦造纸还要早约3 000年。确实，如果我们坚持要将西汉的“灞桥纸”算作纸（因为这可以提前中国造纸的年代），那古埃及的纸莎草纸显然更应该算纸。因为纸莎草纸留下了无数色彩艳丽的书法和绘画作品，而“灞桥纸”只是出土过一些碎片而已，“其中最大的一片长宽各约10厘米”，那些碎片上都没有任何文字或图案。

关于“活字印刷术”，是最授人以柄的一项。因为想要和古登堡1439年发明的活字印刷术比先后，就强调沈括《梦溪笔谈》卷十八“技艺”中所记北宋庆历年间（1041—1048）布衣毕昇发明的泥活字印刷术，但这样就无法正视如下的事实——在毕昇发明活字印刷术之后将近一千年间，中国的绝大部分书籍仍然是雕版印刷的。所以“批”派断言毕昇的泥活字印刷术“是一种失败的发明”，确实也相当能够言之成理。其实在“四大发明”的这一项上，如果改为“印刷术”，就可以用“雕版印刷术”来抵挡“批”派的攻击，处境就会好多了。

在归纳了“批”派的攻击之后，我们当然要转而来为“挺”派想一想。

我 2006 年在央视国庆特别节目中曾提出“新四大发明”：雕版印刷、天文学上的赤道式装置、十进制计数法、中医中药。当时的想法，是既强调这些发明对中国文化的影响，也适当照顾这些发明出现的年代在世界上的领先地位。

雕版印刷是中国古代最重要的印刷方法，也是最重要的知识传递方法，承载着中华文明的延续。天文学上的赤道式装置中国人比欧洲人早 1 500 年就已经开始使用了。十进制计数法是中国人传统记数的方法，从它被发明的那一刻就已经与今天的国际接轨。中医中药是一种独特的医疗体系，几千年来一直呵护着中国人的健康。

2008 年，中国科技馆新馆推出由国家文物局和中国科协联合主办的《奇迹天工——中国古代发明创造文物展》，该展重新定义了新的“四大发明”为：丝绸、青铜、瓷器、造纸印刷。这代表了新的思路：将每项都宽泛化，比如以“造纸印刷”取代了“造纸术”和“活字印刷术”，而新出现的丝绸、青铜、瓷器三项，都是范围比较广、技术含量比较高的工艺，这显然是针对“批”派指责原“四大发明”缺乏技术含量而作出的改进。

我认为，如果我们考虑这样三个原则：

1. 要对中国文明或中国人生活有着广泛影响。

2. 要尽量保证在世界上有着尽可能大的发明优先权（不一定要绝对“世界最早”）。

3. 要有足够的科学技术含量。

那么比较可取的“新四大发明”选项如下：

丝绸、中医药、雕版印刷、十进制计数。

还可以有一个“新四大发明 B 组”备选：

陶瓷、珠算、交子（纸币）、农历（阴阳合历）。

三大奇器及其复制：水运仪象台、候风地动仪、指南车

中国历史文献中记载的古代科学仪器，往往给人神秘莫测、令人敬畏的感觉。这种感觉很容易引发现代人研究这些仪器的热情，而研究热情高涨的极致，就是试图将所研究的仪器复制出来。但是复制古代仪器，费钱费工不说，还有许多理论上的难题。

现今特别知名的中国古代科学仪器，主要有这样三件：

一、北宋的“水运仪象台”：由苏颂、韩公廉等人设计制造（时在1088年左右），它被认为是集天体观测、天象演示、计时钟表、自动报时功能于一体的精密天文仪器，记载中说它能够以水为动力自动运行。

二、东汉的“候风地动仪”：由张衡设计制造（时在132年左右），历史记载中说它可以报告——经常被误解为预报——远方的地震。

三、历代的指南车：一种相传由黄帝发明的神奇机械车辆，无论向任何方向行驶，车上的木人之手永远指着南方（与利用磁性的指南针无关）。

这三大奇器有不少共同点，比如，它们迄今都没有发现任何古代实物遗存，关于它们的功效、形制、结构等，都只见于古代文献中的记载。又如，它们都有多种现代复制品问世，而它们的复制者往往坚信只有自己的方案才是得到古人真意的。

三大奇器的复制，又可以分成两种情形：

第一种情形是水运仪象台。由于有苏颂的《新仪象法要》一书传世，其中记载了水运仪象台的各种部件，有尺寸，有图形，这当然会使许多现代研究者热血沸腾，有不少人一头扎进去，为这件我们基本上可以相信确实是存在过的仪器呕心沥血。研究的最高表现，当然是要复制。现在北京的中国历史博物馆里就有一台1958年的复制品，此后国内和国外的复制品次第出现。

按照文献的记载，水运仪象台是一个高达12米左右的庞然大物，但1958年的复制品缩小为只是原记载尺度的五分之一。按照机械方面的一般情形，一个可以正常运行的机械装置，放大尺度之后，就未必能正常运行了，但是缩小尺度则通常不会有问题。然而，尽管学者们对宋代水运仪象台真的能够运行这一点深信不疑，但就是这个缩小的水运仪象台复制品，也不能实际运行（至如同文献中记载的那样以水为动力来运行），以至于被称为“仅供外观观赏的模型”。此后的复制尝试，也未见有报道能长期正常运行的——那种在里面装一个电动机的当然不在此列。

第二种情形是候风地动仪和指南车。这两件奇物没有水运仪象台那么幸运。指南车到宋代就已失传，至今也从未发现与指南车直接有关的文物，而关于指南车的运作原理，历史文献中只留下了宋代指南车内部结构的部分记载。候风地动仪的情形更坏，在历史文献中没有留下任何运作原理或内部结构的原始记载，更没有像《新仪象法要》那样的工程说明书留下来。文献中只是记载了它有怎样的外形和功能。

因此在这种情况下，对奇器的内部结构和运作原理，只能根据现代科学技术的相关知识进行猜测。但这丝毫阻挡不住研究者的热情。对候风地动仪的复制，有王振铎、李志超等学者持续尝试；对指南车的复制，国内学者如王振铎、刘仙洲，国外学者包括英国、荷兰等国的，纷纷投入。

如果说在水运仪象台的研究中，许多学者还喜欢沉浸在某个部件是不是近代机械钟表中的擒纵器之类的理论性探讨的话，那么对于候风地动仪和指南车的研究来说，学者们似乎更愿意“直奔主题”进入复制。关于这两件奇物的复制，已经各有多种方案和实物问世。

英国人摩尔（A. G. Moule）于1924年发表了中文标题为《宋燕肃吴德仁指南车造法考》的论文，考证了《宋史》中关于指南车的记载，认为其内部的机械结构是可行的，并绘图以说明之。此文提出了指南车传动系统第一种实现自动离合的方案，对后来的研究者有很大启发。1937 年，王振铎发展并充实了摩尔的想法，从实际工艺上真正解决了指南车传动系统的自动离合问题，复制出了宋代燕肃的指南车。

然而上述两种情形的复制，其实都有很难解决的理论问题或原则问题。

在复制水运仪象台的努力中，研究者们似乎谁也没有怀疑，这个仪器在古代是不是真的成功运行过？提出这个怀疑并非毫无意义，而是因为在中国古代，天文仪器除了作为研究时使用的工具之外，还有一个更为重要的身份——礼器。这是一个悠久的传统，数千年来一直如此。比如，清朝的各种天文仪器，包括西方人作为礼品送给皇帝的天文演示仪器，都记载在《皇朝礼器图式》中。

礼器是什么？礼器是用来和上天沟通、向世人夸示的，或者说就是在政治巫术中使用的法器。所以宋朝的水运仪象台，可以说就中国历史上最宏大、最奢侈、最壮丽的一件礼器。这样的礼器，平日藏在深宫禁苑，并不需要运行，只有当某些盛大仪式举行时，才会需要它运行一会儿。因此，如果它不能长期有效运行，也并不妨碍它作为礼器的功能——在那些庄严肃穆的盛大仪式中，它只需在仪式进行过程中保持运行即可，而且在这种场合，也不会有人去验证它的运行是否精密准确。因此，复制水运仪象台的成功标准，实际上是很难确定的。

在候风地动仪和指南车的复制中，问题更为深刻——严格地说，这已经无法称为“复制”了，因为谁也无法明确知道当初的结构和原理。不如将这种努力称为“研制”更为准确。比如，对于候风地动仪，至少有两种方案，机械结构完全不同；对于指南车，目前较成熟的至少有定轴轮系统、差动轮系统两条技术路径，而仅定轴轮系统就有至少三种不同方案。这些方案都能达成同样的效果，但是因为指南车在古代中国曾多次被发明又多次失传，除了燕肃的指南车稍微有些依据之外，我们无法知道其他古人的指南车到底用了什么方案。

更何况上面说的礼器问题，在这里也同样存在。历代指南车一直都是皇家礼器，它是皇帝出行时的仪仗之一，所以外形都硕大而华丽。关于指南车的实际运行，《南齐书》卷五十二中记载了一个生动例子：宋武帝北伐攻灭后秦姚泓政权，缴获了一具指南车，只是徒具外形，内部机械已经失去，但是这样一件重要礼器，又是北伐的战利品（中国历史上极少有南方政权北伐胜利的），当然要加入皇帝出行时的仪仗行列以便向臣民夸示，结果每次皇帝出行时，只好“使人于内转之”——就是让人躲在车中操纵指南车上的木人，以保持它始终指向南方。这个例子，对于想象礼器在古代的运行，应该不无启发。

水运仪象台：神话和传说的尾巴

水运仪象台真的存在过，但如今已成神话

关于北宋水运仪象台，在以往的大众读物中，总是被描绘成一件盖世奇器，它高达 12 米，可以自动演示天象，自动报时，而且是用水力驱动的。由于苏颂在建成水运仪象台之后，又留下了一部《新仪象法要》，里面有关于水运仪象台的详细说明，还有水运仪象台中 150 个部件的机械图，这在中国古代仪器史上，实在是一个激动人心的异数。《新仪象法要》唤起了现代学者极大的研究热情，以及由此滋生的复制水运仪象台的强烈冲动。

水运仪象台的神话发端于 1956 年。这年《自然》杂志上发表了一篇两页长的文章“中国天文钟”（*Chinese Astronomical Clockwork*，*Nature*，Vol. 177，600 - 602），报告了一项对《新仪象法要》的研究成果，作者们相信，“在公元 7 至 14 世纪之间，中国有制造天文钟的悠久传统”。作者们在文章末尾报告说：“所有的有关

文件都已译成英文，并附详细注释和讨论，希望不久将由古代钟表学会出版一部发表这项研究成果的专著。”

这篇文章由三位作者署名，依次是：李约瑟、王铃、普赖斯。王铃是李约瑟最重要的助手之一，但值得注意的是第三位作者普赖斯（Derek J. Price），他在机械史方面应该是权威人士，任耶鲁大学科学史教授，还担任过国际科学史与科学哲学联合会（IUHPS）主席。作者们所预告的研究专著，后来也出版了（*Heavenly Clockwork: The Great Astronomical Clocks of Medieval China*，1960）。李约瑟和普赖斯的上述研究成果问世之后，很快就风靡了中国学术界。许多人认为，这项成果发掘出了古代中国人在时钟制造方面被埋没了的伟大贡献，因而“意义极为重大”。

水运仪象台“擒纵器”之争

水运仪象台之所以“意义极为重大”，很大程度上是因为李约瑟和普赖斯在上述文章中宣布，水运仪象台中有“擒纵器”（escapement）：“更像后来17世纪的锚状擒纵器”。尽管他们也承认“守时功能主要是依靠水流控制，并不是依靠擒纵器本身的作用”，但仍然断言：“这样一来，中国天文钟的传统，和后来欧洲中世纪机械钟的祖先，就有了更为密切的直接关系。”

然而，恰恰是在“擒纵器”问题上，其实存在着严重争议。

1997年，两位可能是在水运仪象台问题上最有发言权的中国学者，不约而同地出版了他们关于这个问题的著作：胡维佳教授的《新仪象法要》译注和李志超教授的《水运仪象志：中国古代天文钟的历史》。

胡维佳教授强调指出，李约瑟和普赖斯“错误地认为关舌、天条、天衡、左天锁、右天锁（皆为《新仪象法要》中的机械部件）的动作原理与机械钟的擒纵机构，特别是与17世纪发明的锚状擒纵机构相似”。这个错误被李约瑟多次重复，并被国内学者反复转引，结果流传极广。李约瑟和普赖斯使用的escapement这个词汇，很容易误导西方读者让他们联想到“17世纪的锚状擒纵器”。为此胡维佳教授还考察了西方学者在这个问题上的一系列争议。

李志超教授对于《新仪象法要》中的“擒纵器”，也有与李约瑟和普赖斯完全不同的理解。他认为：“水轮—秤漏系统本身已经由秤当擒纵机构，那就不会再有另外的擒纵器。李约瑟的误断对水运仪象台的研究造成了极大的干扰。”

为何对于《新仪象法要》中的文字和图形，理解会如此大相径庭？这恐怕和《新仪象法要》自身的缺陷有关。例如，南宋朱熹曾评论此书说：“元祐之制极精，然其书亦有不备。乃最是紧切处，必是造者秘此一节，不欲尽以告人耳。”工程制图专家也曾指出，对于《新仪象法要》中的图，今人无法确定它们与实物构件之间的比例关系。文字和图形两方面信息的不完备，给今人的复制工作留下了相当大的争议和想象空间，也使得严格意义上的复制几乎成为一项“不可能的任务”。

对于水运仪象台究竟达到何种成就，李志超教授持肯定态度，他认为“韩公廉（苏颂建造水运仪象台的合作者）是一位超时代的了不起的伟大机械师！水运仪象台是技术史上集大成的世界第一的成就”。但胡维佳教授则似乎对水运仪象台是否真的具有古籍中所记载的那些神奇功能持怀疑态度，他认为值得注意的是，关于水运仪象台的“实际水运情况，找不到任何相关的记载和描述。对于这样一座与天参合的大型仪器来说，这是十分奇怪的。”

所以，《新仪象法要》固然陈述了水运仪象台的“设计标准”，但我们也不是没有理由怀疑：这座巨型仪器当年建成后，是否真的达到了这些标准？

要证明水运仪象台真的具有那样神奇的功能，唯一的途径，就是在严格意义的现代复制品中，显现出古籍所记载的那些神奇功能。

事实上，对水运仪象台的复制运动已经持续了数十年。1958 年，王振铎率先在中国历史博物馆复制，为 1/5 缩小比例，但并不能真正运行。而据不完全统计，从 1958 年到 2010 年，半个世纪中至少有十几件复制品出现，比例从 1/10 到 1/1 不等，其中 1/1 的复制品就已经有三件。这些复制品大部分不能运行，有的要靠内部装电动机运行，即使是号称“完全以水为动力，运行稳定”的，也缺乏完整的技术资料和运行状况的科学报告。

因而，在关于《新仪象法要》中那些关键性技术细节获得统一认识，并据此造出真正依靠水力驱动而且能够稳定运行精确走时的复制品之前，关于水运仪象台的那些神奇功能，就仍有洗不净的神话色彩，和割不掉的“传说”尾巴。

希腊“Antikythera 机”和欧洲的有关背景

建构水运仪象台神话的另一个要点，是对西方相关历史背景的忽略——如果考虑了这种背景，水运仪象台的伟大就不得不大打折扣。

格林尼治皇家天文台台长利平科特（K. Lippincott）等人在《时间的故事》中告诉读者，从公元前 3 世纪起，地中海各地就已有用水力驱动的、能够演示天文现象的机械时钟。虽然随着罗马帝国的崩溃，拉丁西方丧失了大部分这类技术，但是稍后在拜占庭和中东的一些伊斯兰都市中，仍在使用水力驱动的大型机械时钟。而到了 11 世纪末——注意这正是苏颂建成水运仪象台的年代，拉丁西方已经找回这些技术，那时水力驱动的大型机械时钟已经在欧洲许多重要中心城市被使用。所以水运仪象台恐怕很难谈得上“超时代”。

地中海地区早期机械天文钟的典型例证，是一具20世纪初从希腊Antikythera岛附近海域的古代（前1世纪）沉船中发现的青铜机械装置残骸，通常被称为“Antikythera机”（现藏雅典国家考古博物馆）。这具“奇器”的著名研究者，不是别人，正是和李约瑟合写“中国天文钟”文章的普赖斯！他断定这一机械装置“肯定与现代机械钟非常相似”，而且“它能够计算并显示出太阳和月亮，可能还有行星的运动”——这和水运仪象台的功能岂非如出一辙？公元前1世纪竟能造出如此精密的机械，难怪它被称为“技术史上最大的谜之一”，但它确实为上述利平科特谈到的历史背景提供了实物旁证。

郑和下西洋

自永乐三年（1405）至宣德八年（1433），郑和先后七次奉命率领庞大的远洋舰队出海远航。舰队规模达到240多艘船舰，船员及官兵两万七千余人，毫无疑问是当时世界上最强大的舰队。

郑和的远洋舰队访问了30多个西太平洋和印度洋的国家及地区，包括爪哇、苏门答腊、苏禄、彭亨、真腊、古里、暹罗、阿丹、天方、左法尔、忽鲁谟斯、木骨都束等国，最远曾达非洲东海岸、红海、麦加，甚至可能到过今天的澳大利亚。

持续二十多年的远洋航行，期间包括了友好访问、双边贸易，甚至也有小规模的战争。如此有声有色的活动，却在1433年戛然而止。郑和病逝，远航终结，神话般的庞大远洋舰队仿佛人间蒸发……

中国虽然有着绵长的海岸线，但是数千年来，在绝大部分时间里，中国的行事风格更像一个内陆大国。其间中国只有两段短暂的海上风云岁月，一段就是郑和的七下西洋，另一段是明末清初另一个姓郑的家族——郑芝龙、郑成功父子——父亲从海盗起家到效忠明朝，儿子则最后割据台湾，也可算是峥嵘岁月。

考虑到这样的历史背景，郑和七下西洋的壮举，自然成为一个引人注目的特殊事件。

七下西洋概述

第一次下西洋。永乐四年（1406）六月，郑和舰队到达爪哇岛上的麻喏八歇国。当时该国正在内战，西王获胜，郑和舰队人员上岸，被误杀170人。西王震恐谢罪，愿献黄金六万两赎罪，郑和知为误杀，赦之，遂化干戈为玉帛。舰队随后到达三佛齐旧港，郑和出兵剿灭海盗陈祖义，生擒之。舰队随后至苏门答腊、满剌加、锡兰山、古里等国。赐古里国王诰命银印，立碑“去中国十万余里，民物咸若，熙嗥同风，刻石于兹，永示万世”。次年九月回国，献俘陈祖义等，问斩。

第二次下西洋。此次出访所到国家有占城、渤尼、暹罗、真腊、爪哇、满剌加、锡兰山、柯枝、古里等。永乐七年（1409）到达锡兰山，郑和舰队向有关佛寺布施了金、银、丝绢、香油等，并立《布施锡兰山佛寺碑》，记述所施之物。此碑现存科伦坡博物馆。

第三次下西洋。永乐七年（1409）九月，舰队经过占城、暹罗、真腊、爪哇、淡马锡、满剌加。郑和在满剌加建仓库，存放远航所需钱粮货物。此处成为郑和舰队远航的中转站。船队又从满剌加起航，经阿鲁、苏门答腊、南巫里、锡兰、加异勒、阿拔巴丹、甘巴里、小葛兰、柯枝，最后抵古里。

此次远航发生了七下西洋中唯一一次战争。郑和访问锡兰山国时，国王亚烈苦奈儿“负固不恭，谋害舟师”未遂，郑和回程时再访其国，亚烈苦奈儿诱骗郑和到国中，发兵五万围攻郑和舰队，并伐木阻断郑和归路。不料郑和趁其国中空虚，率二千官兵取小道出其不意突袭亚烈苦奈儿王城，破之，生擒亚烈苦奈儿并家属。永乐九年（1411）六月，郑和回国，向永乐帝献俘亚烈苦奈儿，朝臣皆曰可杀，永乐帝悯其无知，释之，命礼部商议，选其国人中贤者为王，遂立邪把乃耶，诰封为锡兰山国王，并遣返亚烈苦奈儿。从此“海外诸番，益服天子威德”。八月，礼部、兵部议奏此役有功将士，各有升赏。

第四次下西洋。永乐十年（1412），正使太监郑和、副使王景弘等奉命统军二万七千余人，驾海舶四十，出使满剌加、爪哇、占城、苏门答腊、柯枝、古里、喃渤利、彭亨、吉兰丹、加异勒、忽鲁谟斯、比剌、溜山、孙剌等国。郑和到占城，奉帝命赐占城王冠带。舰队到苏门答腊，时伪王苏干剌窃国，郑和奉帝命率兵追剿，生擒苏干剌，送京伏诛。舰队至三宝垄，郑和在当地华人回教堂祈祷。郑和命哈芝黄达京掌管占婆华人回教徒。郑和舰队首次绕过阿拉伯半岛，航行至东非麻林迪（肯尼亚）。永乐十三年（1415）七月回国。

同年麻林迪特使来中国进献“麒麟”（即长颈鹿）。

第五次下西洋。永乐十五年（1417）五月，郑和舰队出发，护送古里、爪哇、满剌加、占城、锡兰山、木骨都束、溜山、喃渤利、卜剌哇、苏门答腊、麻林、剌撒、忽鲁谟斯、柯枝、南巫里、沙里湾泥、彭亨各国使者，及旧港宣慰使归国。随行有僧人慧信，将领朱真、唐敬等。在柯枝，郑和奉命诏赐国王印诰，封国中大山为镇国山，并立碑铭。舰队到达锡兰山时郑和派分队驶经溜山西行到达非洲东海岸木骨都束、不剌哇、麻林。舰队到古里后，一支分队驶向阿拉伯半岛祖法儿、阿丹和剌撒，一支分队直达忽鲁谟斯。忽鲁谟斯进贡狮子，金钱豹，西马；阿丹国进贡麒麟，祖法儿进贡长角马，木骨都束进贡花福鹿、狮子，不剌哇进贡千里骆驼、鸵鸡；爪哇、古里进贡麾里羔兽。永乐十七年（1419）七月回国。

第六次下西洋。永乐十九年（1421）正月，成祖命令郑和送十六国使臣回国。途经国家及地区有占城、暹罗、忽鲁谟斯、阿丹、祖法儿、剌撒、不剌哇、木骨都束、竹步、麻林、古里、柯枝、加异勒、锡兰山、溜山、南巫里、苏门答腊、阿鲁、满剌加、甘巴里、幔八萨。次年舰队回国，随舰队来访者有暹罗、苏门答腊和阿丹等国使节。史载此次远航“于镇东洋中，官舟遭大风，掀翻欲溺，舟中喧泣”。永乐二十二年（1424），成祖去世，仁宗朱高炽即位，以国库空虚，下令停止下西洋行动。

第七次下西洋。在远航停顿了6年之后，宣德五年（1430）宣德帝（明宣宗朱瞻基）以外番多不来朝贡，命郑和再次远航，“往西洋忽鲁谟斯等国公干”，随行有太监王景弘、李兴、朱良、杨真，右少保洪保等人。第七次下西洋已经有一点强弩之末的光景，但据明代史料记载，仍有官校、旗军、火长、舵工、班碇手、通事、办事、书弄手、医士、铁锚搭材等匠、水手、民梢等共27 000余人。舰队返航至古里附近时，郑和因劳累过度一病不起，于宣德八年（1433）四月初，在印度西海岸古里逝世。舰队由太监王景弘率领返航，同年七月回国。

关于郑和舰队的编制、装备及技术

郑和下西洋的舰队，被一些西方学者称为“特混舰队”，李约瑟甚至认为，“同时代的任何欧洲国家，以致所有欧洲国家联合起来，可以说都无法与明代海军匹敌。”舰队人数达27 000余人，相当于明朝军队的5个卫（每个卫5 000—5 500人），而哥伦布、达·伽马、麦哲伦等著名远洋航行的人数，至多仅200余人。虽然队伍精干可能表明效率较高，但是仅仅能够解决27 000余人经年远航的给养，也已经足以显示国力的强盛。

郑和舰队中最大的船舰到底有多大，是学术界一个长期争论的话题。据《明史·郑和传》记载，郑和航海宝船共62艘，最大的长四十四丈四尺，宽十八丈，是当时世界上最大的海船，折合现今长度为151.18米，宽61.6米。船有四层，9桅12帆，锚重数千斤。《明史·兵志》上也说“宝船高大如楼，底尖上阔，可容千人”。

据记载，郑和下西洋的舰队中有五类船舶。其一即上述“宝船”。其二为“马船”，长三十七丈，宽十五丈。其三为“粮船”，长二十八丈，宽十二丈。其四为“坐船”，长二十四丈，宽九丈四尺。其五为“战船”，长十八丈，宽六丈八尺。

但是对于郑和“宝船”是否真的如记载中那么大，有两派相反的意见。

“肯定派”认为《明史》所载基本正确，因为对南京郑和造船厂的考古发掘，发现了一根约15米长的舵，和明史所述宝船大小相符。而《伊本·白图泰游记》中也记录了中国巨大的12帆可载千人的海船，可为旁证。

“质疑派”则认为，木材强度有限，不可能造成长达四十四丈的大船。根据他们推论，郑和的“宝船”实际上长约十五到二十丈，宽六到八丈左右。载重量约为五千吨。

事实上，迄今为止，从未有人复制出能够实际航行的四十四丈“宝船”。

不过，即使采纳“质疑派”的数据，郑和宝船仍不失为当时世界上首屈一指的巨舶。

关于郑和舰队所使用的航海技术，据《郑和航海图》记载，郑和使用指南针，结合过洋牵星术（初级形态的天文导航），这在当时已经是最先进的航海导航技术。舰队白天用指南针导航，夜间则用观看星斗和水罗盘保持航向。

郑和下西洋的目的及意义

关于成祖命郑和七下西洋的目的，比较耸人听闻的，是说以“寻访仙人张邋遢”为名，实际上是去寻找可能亡命海外的建文帝（因成祖是通过武装叛乱从侄儿建文帝手中夺取帝位的）。此说虽富有想象力，但明显不符合常情。因为如果真的要执行这样的使命，应该秘密派出精干的特工人员，而不是动用几万人惊天动地进行远航。

比较稳健持平的推测，当然是从政治方面着眼。中国舰队纵横万里，显示了中国的实力，宣示了朝廷的威德，在一段时期内形成了各国争向明朝“朝贡”的盛况。

至于七下西洋对中外贸易的推进作用，不必估计过高。因为七下西洋所促进的中外贸易，是一种畸形的“朝贡贸易”——对明朝来说大致上是一种赔钱的买卖。各国“进贡”方物是象征性的，主要是用以表示对宗主国明朝的臣服；而明朝对各国的“厚赐”，则是以经济利益的方式对他们政治上臣服的嘉奖。这种对明朝来说没有“经济效益”的“朝贡贸易”，是以明朝的财富来支撑的。有人视之为现代“金钱外交”的先声。所以当朝廷无力或不愿再提供这种经济支撑时，七下西洋的盛举也就终止了。

郑和发现了美洲和澳洲吗？

2002 年，前英国皇家海军潜水艇指挥官加文·孟席斯（Gavin Menzies）出版了畅销书《1421 年：中国发现世界》（*1421: The Year China Discovered the World*），其中提出了许多惊人的论点。作者断言：郑和是世界环球航行第一人，郑和的舰队在永乐十九年（1421）发现美洲大陆，早于哥伦布 70 年；郑和舰队还先于库克船长 350 年发现了澳洲；而中国人到达麦哲伦海峡，甚至比麦哲伦出生还早 60 年。中国人最早绘制了世界海图，而且比欧洲早三个世纪已经解决了经度计算问题。

加文·孟席斯为这些论断研究了 14 年，足迹遍及 120 个国家，访问了 900 多处图书馆、博物馆和档案馆，写成本书。

西方的学术界对孟席斯的惊人论断基本无法接受，但是大众媒体却对此十分欢迎，已经有越来越多的人开始关注这本书和其中的论断。《1421年：中国发现世界》已有中译本，2005年由京华出版社出版。

孟席斯的上述论断虽然相当离经叛道，但他的态度还是认真的，并非信口开河的无稽之谈。在这样的问题上，以宽容的心态听听他的叙述和论证，也未尝没有启发和趣味。

珠算及其命运

算盘和珠算的技术经常被看成是中国特有的，其实许多文明古国都曾经有过将算盘作为计算工具的记载，但古罗马算盘没有位值制记数法，又采用十二进分数，早已被淘汰；古俄罗斯算盘则是一档十珠，计算起来非常麻烦。现在流行于中国、日本、亚洲和世界其他一些地方的算盘，则是中国式的珠算盘（日本的算盘与中国略有差异）。同时，中国也确实是现代珠算术起源的地方。

中国古代传统计算方法是筹算——采用长约三、四寸的小竹棍作为算筹，以十进位制记数法，将算筹纵横摆放，可以进行加、减、乘、除、开方及其他一些代数运算。现代汉语中仍然使用的成语如“筹划”、“略胜一筹”、“略输一筹”等，皆是从古代的算筹而来。唐、宋以降，大量简化筹算算法的计算歌诀开始出现。元、明时期商业有了长足发展，在繁忙的商业活动中，再动不动就拿出一大把算筹来，还要占据一块地方摆开算筹进行计算，就越来越让人感到太麻烦了。况且当计算速度加快时，算筹摆放稍一不慎就会出错。于是一种新的计算方法应运而生了，这就是珠算——包括算盘和相应的计算技术。

“珠算”的名称，早在东汉时徐岳的《数术记遗》中即已出现，不过人们通常认为此书是北周甄鸾（约6世纪）假托的。《数术记遗》中记载的古代计算方法多达14种，其中要用到珠的算法有“太一算”、“两仪算”、“三才算”、“九宫算”和“珠算”。关于珠算，其工具是一种每一位数上有五颗可以移动的算珠，下面四颗每颗当一，上面一颗则当五，这实际上已经具备了现代算盘的雏形。此为关于珠算用具和法则最早的明确记载。

有人主张算盘在宋代已经出现，理由是在《清明上河图》中就绘有一架算盘。关于算盘的早期文字记载，一是刘因《静穆先生文集》中有五言绝句《算盘》，而最著名的一条见于元末陶宗仪的《南村辍耕录》中：

> 凡纳婢仆，初来时曰擂盘珠，言不拨自动；稍久曰算盘珠，言拨之则动；既久曰佛顶珠，言终日凝然，虽拨亦不动。此虽俗谚，实切事情。

其中关于“算盘珠”的俗谚，表明那时算盘已经是一种常用之物了。有趣的是，将那种工作不积极主动的人比作“算盘珠”，这个比喻现代上海话中仍在使用。还有相当重要的一点是，《南村辍耕录》中也谈到了筹算，表明筹算在那时也尚未完全废弃。

明代程大位是珠算史上最重要的人物之一，有著作《算法统宗》(1592) 传世。其中记载称，在公元 11 至 12 世纪，有四部已经佚失的著作与珠算有关，其名为《盘珠集》、《走盘集》、《通微集》、《通杭集》。程大位还引用过 11 世纪《谢察微算经》(也已佚失) 中关于珠算算盘的描述。

借助一些传世文物和书籍可以考察算盘的形制。如元代《货郎图》中所绘货郎担上就有算盘。日本翻刻明洪武辛亥年（1371）《魁本对相四言杂字》中有算盘图。15 世纪中期的《鲁班木经》记有算盘制造规格“算盘式”，其中上面两珠和下面五珠之间尚无横梁，只是用线绳隔开。至柯尚迁《数学通轨》中的“初定算盘图式”，则已经是与现代完全一样的 13 档算盘了。

在宋、元有关筹算的书中，未见记录加、减法口诀者，珠算流行后，加、减法明显比筹算便利，却有口诀，而且成为珠算的重要部分。珠算加、减法口诀在明代珠算书中分别被称为“上法”和“退法”。至于珠算中用于乘法的“九九口诀”和用于除法的“九归口诀”，则与元代筹算中的口诀一样。

明代留下的珠算术书籍，除上面已经提到的柯尚迁《数学通轨》和程大位《算法统宗》外，较著名的还有徐心鲁《盘珠算法》、朱载堉《算学新说》、黄龙吟《算法指南》等多种。其中以程大位《算法统宗》最为突出，全书 17 卷，共收集 595 个数学问题，全部以珠算解答。此书流传广泛，还东渡日本。17世纪后传入东南亚各国，一直沿用至今。

关于珠算的命运，是一个饶有趣味的问题。

在个人计算机普及前夜的20世纪90年代初，一个日本珠算家“现在不是‘算盘再见’而是‘算盘你好’”的说法还相当流行，那时关于珠算和小型电子计算器比赛四则运算而珠算获胜的新闻也不时被人们提起，用来作为珠算生命力长盛不衰的证据。

但是无可讳言，当个人计算机普及之后，情形已经完全改变。现在的问题已经不再是计算机和珠算相比谁快谁慢的问题了，而是因为几乎所有的计算过程和结果都必须“数字化”，这就意味着即使珠算比计算机更快，珠算获得的结果也必须被输入计算机——既然如此，珠算就注定变得毫无必要了。

所以，珠算进入历史博物馆，已经是一个无可否认的事实。

但是，珠算确实在大约4个世纪的时间里，在中华文化圈中，扮演了商业和日常家用计算中最便利的角色。

辑二

《周髀算经》中惊人的宇宙学说

《周髀算经》一向被认为是中国古代本土的天文学和数学经典，十多年前，我曾对《周髀算经》下过一番研究功夫，给全书做了详细注释和白话译文，结果书中的许多内容令我大吃一惊——怎么看它们都像是从西方传来的。兹先述其中最引人注目的一项。

在人类文明发展史上，多元文化的自发生成是完全可能的，因此许多不同文明中有相似之处，也可能是偶然巧合。但是《周髀算经》的盖天宇宙模型与古代印度宇宙模型之间的相似程度实在太高——从整个格局到许多细节都一一吻合，如果还要用“偶然巧合”去解释，无论如何是太勉强了。

《周髀算经》中宇宙模型的正确形状与结构

《周髀算经》中假托周公与商高对话，因此曾被古人视为周代的著作，但现今学者们比较普遍的意见是《周髀算经》成书于公元前 100 年左右（西汉年间）。

至于书中的内容究竟有多古老，则只能推测了。

古代中国天学家没有构造几何宇宙模型的传统，他们用代数方法也能相当精确地解决各种天文学问题，宇宙究竟是什么形状或结构，他们通常完全不去过问。但是《周髀算经》却是古代中国在这方面唯一的例外——书中构建了古代中国唯一的一个几何宇宙模型。这个盖天几何模型有明确的结构，也有具体的、绝大部分能够自洽的数理。

不过，《周髀算经》中盖天宇宙模型以前长期被人误解为“球冠形”，而据我考证的结果，这个模型的正确形状如下模型图所示。

盖天宇宙是一个有限宇宙，其要点和参数如下：

1. 大地与天为相距 80 000 里的平行圆形平面。

2. 天的中心为北极，在北极下方的大地中央有高大柱形物，即上尖下粗高 60 000 里的“璇玑”，其底面直径为 23 000 里，天在北极处也并非平面而是相应隆起。

3. 该宇宙模型的构造者在圆形大地上为自己的居息之处确定了位置，并且这位置不在中央而是偏南。

4. 大地中央的柱形延伸至天处为北极。

5. 日月星辰在天上环绕北极作平面圆周运动。

6. 太阳在这种圆周运动中有着多重同心轨道（“七衡六间”），并且以半年为周期作规律性的轨道迁移（一年往返一遍）。

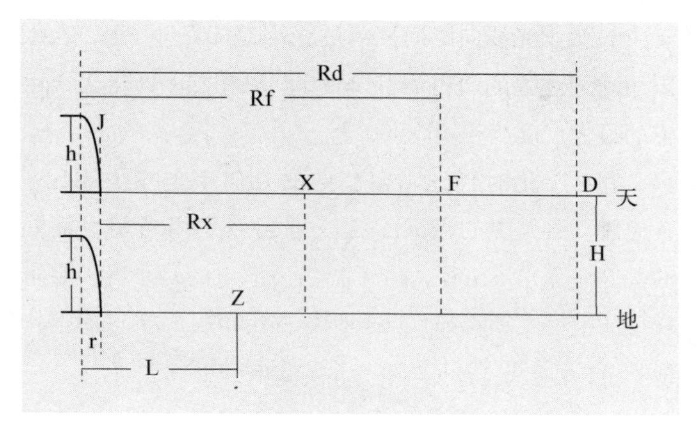

《周髀算经》宇宙模型示意图 *

上图中各参数之意义及其数值，依据《周髀算经》原文所载，开列如下：

J　北极（天中）
Z　周地（洛邑）所在
X　夏至日所在（日中之时）
F　春、秋分日所在（日中之时）
D　冬至日所在（日中之时）
r　极下璇玑半径＝11 500 里
Rx　夏至日道半径＝119 000 里
Rf　春、秋分日道半径＝178 500 里
Rd　冬至日道半径＝238 000 里
L　周地距极远近＝103 000 里
H　天地距离＝80 000 里
h　极下璇玑之高＝60 000 里

---

*　本图为侧视图，因轴对称，只绘出一半。

7. 太阳的上述运行模式，可以在相当程度上说明昼夜成因和太阳周年视运动中的一些天象（比如季节的变化）。

8. 太阳光线向四周照射的极限是 167 000 里，与太阳运动最远处的轨道半径 238 000 里相加，即得盖天宇宙的最大尺度半径 405 000 里。

和希腊化时代托勒密精致的几何宇宙模型相比，《周髀算经》中的盖天宇宙模型当然是相当初级简陋的。这一点也不奇怪，但令我极为惊讶的是，盖天宇宙模型的上述八项特征，竟全都与古代印度的宇宙模型特征吻合!

和古代印度宇宙的惊人相似

关于古代印度宇宙模型的记载，主要保存在一些《往世书》(*Puranas*) 中。《往世书》是印度教的圣典，同时又是古代史籍，带有百科全书性质。它们的确切成书年代难以判定，但其中关于宇宙模式的一套概念，学者们相信可以追溯到吠陀时代——约公元前 1000 年之前，因而是非常古老的。《往世书》中的宇宙模式可以概述如下：

> 大地像平底的圆盘，在大地中央耸立着巍峨的高山，名为迷卢 (Meru，也即汉译佛经中的“须弥山”，或作 Sumeru，译成“苏迷卢”)。迷卢山外

围绕着环形陆地，此陆地又为环形大海所围绕，……如此递相环绕向外延展，共有七圈大陆和七圈海洋。

印度在迷卢山的南方。

与大地平行的天上有着一系列天轮，这些天轮的共同轴心就是迷卢山；迷卢山的顶端就是北极星（Dhruva）所在之处，诸天轮携带着各种天体绕之旋转；这些天体包括日、月、恒星……以及五大行星——依次为水星、金星、火星、木星和土星。

利用迷卢山可以解释黑夜与白昼的交替。携带太阳的天轮上有 180 条轨道，太阳每天迁移一轨，半年后反向重复，以此来描述日出方位角的周年变化。……

唐代释道宣《释迦方志》卷上也记述了古代印度的宇宙模型，细节上恰可与上述记载相互补充："……苏迷卢山，即经所谓须弥山也，在大海中，据金轮表，半出海上八万由旬，日月回薄于其腰也。外有金山七重围之，中各海水，具八功德。"

根据这些记载，古代印度宇宙模型，与《周髀算经》中的盖天宇宙模型岂非惊人地相似，在细节上几乎处处吻合？

一、两者的天、地都是圆形的平行平面。

二、"璇玑"和"迷卢山"同样扮演了大地中央的

“天柱”角色。

三、周地和印度都被置于各自宇宙中大地的南部。

四、“璇玑”和“迷卢山”的正上方都是各种天体旋转的枢轴——北极。

五、日月星辰都在天上环绕北极作平面圆周运动。

六、如果说印度迷卢山外的“七山七海”在数字上使人联想到《周髀算经》的“七衡六间”的话，那么印度宇宙中太阳天轮的180条轨道无论从性质还是功能来说都与七衡六间完全一致（太阳在七衡之间的往返也是每天连续移动的）。

七、《周髀算经》中天与地的距离是八万里，而迷卢山也是高出海上“八万由旬”，其上即诸天轮所在，两者天地距离恰好同为八万单位。

八、《周髀算经》认为太阳光线向四周照射的极限是167 000里，而佛经《立世阿毗昙论》卷五“日月行品第十九”末尾云：“日光径度，七亿二万一千二百由旬。周围二十一亿六万三千六百由旬。”虽具体数值有所不同，但也设定太阳光照半径是有限的固定数值，也已经是惊人的吻合了。

谁告诉了中国人寒暑五带的知识?

古代中国人最初有所谓“天圆地方”的观念，后来被天学家普遍接受的主流宇宙学说则是“浑天说”——类似希腊化时代托勒密的地心体系，但因为其中大地的半径大到宇宙半径的一半，始终无法发展出希腊天文学家的球面天文学，中国传统的天球和地球坐标系统也一直是不完备的。所以，当我在《周髀算经》中发现相当于地球上寒暑五带的知识时，再次感到非常惊异——因为这类知识是以往两千年间，中国传统天文学说中所没有、而且不相信的。

《周髀算经》中的寒暑五带知识

这些知识在《周髀算经》中主要见于卷下第九节中的三条记载：

> 1. 极下不生万物。何以知之？……北极左右，夏有不释之冰。
>
> 2. 中衡去周七万五千五百里。中衡左右，冬有

不死之草，夏长之类。此阳彰阴微，故万物不死，五谷一岁再熟。

3. 凡北极之左右，物有朝生暮获。

这里需要先作一些说明：

我们知道《周髀算经》中的宇宙模型是：天、地为平行的圆形平面，在大地中央矗立着高达 60 000 里的“璇玑”，即大地的北极，向上正对着北天极。围绕着北极的依次是被称为“内衡”、“中衡”和“外衡”的同心环形带——很像从地球北极上方俯视下来时，看到的一圈圈等纬度线。

第 1 条记载强调了北极下方的大地区域是苦寒之地，“不生万物”“夏有不释之冰”。

第 2 条记载中，所谓“中衡左右”，这一区域正好对应于地球寒暑五带中的热带（南纬 23° 26′ 至北纬 23° 26′ 之间）——尽管《周髀算经》中并无地球的观念，但对于热带地区来说，“冬有不死之草”“五谷一岁再熟”等景象，确实是真实的。

第 3 条记载中，说北极左右“物有朝生暮获”。这就必须联系到极昼、极夜现象了。据前所述，圆形大地中央的“璇玑”之底面直径为 23 000 里，则半径为 11 500 里，而《周髀算经》所设定的太阳光芒向其四周照射的极限距离是 167 000 里；每年从春分至秋分期间，在“璇玑”范围内将出现极昼——昼夜始终在阳光之下；而从秋分到春分期间则出现极夜——阳光在此期间的任何时刻都照射不到“璇玑”范围之内。这也就是汉代赵爽在为《周髀算经》所作注释中所说的“北极之下，从春分至秋分为昼，从秋分至春分为夜”，因为这里是以半年为昼、半年为夜。

这些寒暑五带知识后人都不相信

《周髀算经》中上述关于寒暑五带的知识，用今天已经知道的知识来判断，虽然它们并不是在古代希腊的球面坐标系中被描述的，但其准确性却没有疑问。然而这些知识，却并不是以往两千年间中国传统天文学中的组成部分！对于这一现象，可以从几方面来讨论。

首先，为《周髀算经》作注的赵爽，竟然表示不相信书中的这些知识。例如对于北极附近“夏有不释之冰”，赵爽注称：“冰冻不解，是以推之，夏至之日外衡之下为冬矣，万物当死——此日远近为冬夏，非阴阳之气，爽或疑焉。”又如对于“冬有不死之草”、“阳彰阴微”、“五谷一岁再熟”的热带，赵爽表示“此欲以内衡之外、外衡之内，常为夏也。然其修广，爽未之前闻”——他从未听说过。

从赵爽为《周髀算经》全书所作的注释来判断，他毫无疑问是那个时代够格的天文学家之一，为什么竟从未听说过这些寒暑五带知识？比较合理的解释似乎只能是：这些知识不是中国传统天文学体系中的组成部分，所以对于当时大部分中国天文学家来说，这些知识是新奇的、与旧有知识背景格格不入的，因而也是难以置信的。

其次，在古代中国居传统地位的天文学说——“浑天说”中，由于没有正确的地球概念，是不可能提出寒暑五带之类的问题来的。因此直到明朝末年，来华的耶稣会传教士在他们的中文著作中向中国读者介绍寒暑五带知识时，仍被中国人目为未之前闻的新奇学说。正是这些耶稣会传教士的中文著作，才使中国学者接受了地球寒暑五带之说。而当清朝初年“西学中源”说甚嚣尘上时，梅文鼎等人为寒暑五带之说寻找中国源头，找到的正是《周髀算经》。他们认为是《周髀算经》等中国学说在上古时期传入西方，才教会了希腊人、罗马人和阿拉伯人掌握天文学知识的——现在我们当然知道这种推断是荒谬的。

《周髀算经》中的寒暑五带知识来自希腊？

现在我们不得不面临一系列尖锐问题：

既然在浑天学说中因没有正确的地球概念而不可能提出寒暑五带的问题，那么《周髀算经》中同样没有地球概念，何以却能记载这些知识？

如果说《周髀算经》的作者身处北温带之中，只是根据越向北越冷、越往南越热，就能推衍出北极“夏有不释之冰”、热带“五谷一岁再熟”之类的现象，那浑天家何以偏就不能？

再说，赵爽为《周髀算经》作注，他总该是接受盖天学说之人，何以连他都对这些知识不能相信？

这样看来，有必要考虑这些知识来自异域的可能性。

大地为球形、地理经纬度、寒暑五带等知识，早在古希腊天文学家那里就已经系统完备，一直沿用至今。五带之说在亚里士多德著作中已经发端，至“地理学之父”埃拉托色尼（Eratosthenes，275－195 B.C.）《地理学概论》中已经完备：南纬24°至北纬24°之间为热带，两极处各24°的区域为南、北寒带，南纬24°至66°和北纬24°至66°之间则为南、北温带。

从年代上来说，古希腊天文学家确立这些知识早在《周髀算经》成书之前。《周髀算经》的作者有没有可能直接或间接地从古希腊人那里获得了这些知识呢？这确实是耐人寻味的问题。

古代中国宇宙有希腊影子吗？

古代中国宇宙理论中的一个谜案

古代中国的宇宙学说，虽有所谓六家之说，但其中的“昕天说”“穹天说”“安天说”，其实基本上徒有其名；即使是李约瑟极力推崇的“宣夜说”，也未能引导出哪怕非常初步的数理天文学系统，即对日常天象的解释和数学描述，以及对未来天象的推算。所以真正称得上“宇宙学说”的，不过两家而已，即“盖天说”和“浑天说”。

《周髀算经》中的盖天学说，是中国古代天学中唯一的公理化几何体系。尽管比较粗糙幼稚，但其中的宇宙模型有明确的几何结构，由这一结构进行推理演绎时，也有具体的、绝大部分能够自洽的数理。所以盖天说不失为中国古代一个初具规模的数理天文学体系，但是它的构成中有明显的印度和希腊来源。

与盖天说相比，浑天说在中国天学史上的地位要高得多——事实上它是在中国古代占统治地位的主流学说。然而它却没有一部像《周髀算经》那样系统陈述其学说的著作。浑天说的纲领性文献，居然只流传下来一段二百来字的记载，即唐代瞿昙悉达编的《开元占经》卷一所引张衡《浑仪注》，全文如下：

> 浑天如鸡子，天体圆如弹丸，地如鸡子中黄，孤居于内。天大而地小，天表里有水，天之包地，犹壳之裹黄。天地各乘气而立，载水而浮。周天三百六十五度四分度之一，又中分之，则一百八十二度八分之五覆地上，一百八十二度八分之五绕地下。故二十八宿，半见半隐。其两端谓之南北极。北极乃天之中也，在正北，出地上三十六度。然则北极上规径七十二度，常见不隐；南极，天之中也，在南入地三十六度，南极下规七十二度，常伏不见。两极相去一百八十二度半强。天转如车毂之运也，周旋无端，其形浑浑，故曰浑天也。

这段二百来字的记载中，还因为“排比”而浪费了好几句的篇幅。难道这就是统治中国天学两三千年的浑天说的基本理论？如果和《周髀算经》中的盖天理论相比，这未免也太简陋、太“山寨”了吧？但问题还远远不止于此。在上面那段文献中，还有一个非常关键的细节，很长时间一直没有被学者们注意到。

这个关键细节就是上文中的北极“出地上三十六度”。意思是说，北天极的地平高度是三十六度。

球面天文学常识告诉我们，北天极的地平高度并不是一个常数，它是随着观测者所在的地理纬度而变的——它在数值上恰好等于当地的地理纬度。因此对于一个宇宙模型来说，北天极的地平高度并不是一个必要的参数。但是在上面那段文献中，作者显然不是这样认为的，所以他一本正经地将北天极的地平高度当作一个重要的基本数据来陈述。

这个费解的细节提示了什么呢?

上面这段文献有可能并非全璧，而只是残剩下来的一部分。从内容上看，它很像是在描述某个演示浑天理论的仪器——中国古代将这样的仪器称为“浑仪”或“浑象”。一个很容易设想的、合乎常情的解释是，在上述文献所描述的这个仪器上，北天极是被装置成地平高度为三十六度的。而我们根据天文学常识可以肯定的是，任何依据浑天理论建造的天象观测仪器或天象演示仪器，当它是在纬度为三十六度的地区使用时，它的北天极就会被装置成地平高度为三十六度。

所以，这个费解的细节很可能提示了：浑天说来自一个纬度为三十六度的地方。

神秘的“北极出地三十六度”

浑天说在古代中国的起源，一直是个未解之谜。可能的起源时间，大抵在西汉初至东汉之间，最晚也就到东汉张衡的时代。认为西汉初年已有浑天说，主要依据两汉之际扬雄《法言·重黎》中的一段话：

> 或问“浑天”。曰：“落下闳营之，鲜于妄人度之，耿中丞象之，几乎！几乎！莫之能违也。”

一些学者认为，这表明落下闳（活动于汉武帝时）的时代已经有了浑仪和浑天说，因为浑仪就是依据浑天说而设计的。也有学者强烈否认那时已有浑仪，但仍然相信是落下闳创始了浑天说。迄今未有公认的结论。在《法言》这段话中，“营之”可以理解为“建构了理论”或“设计了结构”；“度之”可以理解为“确定了参数”；“象之”则显然就是“造了一个仪器来演示它”。

如果我们打开地图寻求印证，来推断浑天说创立的地点，那么在上述两段历史文献中，可能与浑天说创立有关系的地点只有三个：

长安，落下闳等天学家被召来此地进行改历活动；

洛阳，张衡在此处两次任太史令；

巴蜀，落下闳的故乡。

在我们检查上述三个地点的地理纬度之前，还有一个枝节问题需要注意：在张衡《浑仪注》中提到的“度”，都是指“中国古度”，中国古度与西方的360°圆周之间有如下的换算关系：

$$1 \text{中国古度} = 360/365.25 = 0.985\,6°$$

因此北极“出地上三十六度”转换成现代的说法就是：北极的地平高度为35.48°。

现在让我们来看长安、洛阳、巴蜀的地理纬度。考虑到在本文的问题中，并不需要非常高的精度，所以我们不妨用今天西安、洛阳、巴中三个城市的地理纬度来代表：

西安：北纬34.17°

洛阳：北纬34.41°

巴中：北纬31.51°

它们和《张衡浑仪注》中“北极出地三十六度”所要求的北纬35.48°都有1°以上的差别。综合考虑中国汉代的天文观测水准，观测误差超过1°是难以想象的，何况是作为基本参数的数值，误差不可能如此之大。

这样一来问题就大了——浑天说到底是在什么地方创立的呢？创立地点一旦没有着落，创立时间会不会也跟着出问题呢？

向西向西再向西

既然地图已经铺开，那我们干脆划一条北纬36°或35.48°的等纬度线，由中土向西一直划过去，看看我们会遇到什么特殊的地点？

这番富有浪漫主义色彩的地图作业，真的会将我们带到一个特殊的地点！

那个地方是希腊东部的罗得岛（Rhodes），纬度恰为北纬 36°。这个岛曾以“世界七大奇迹”之一的太阳神雕像著称，但是使它在世界天文学史上占有特殊地位的，则是古希腊伟大的天文学家希帕恰斯（常见的希腊文拉丁转写为 Hipparchus），因为希帕恰斯长期在这个岛上工作，这里有他的天文台。

我的博士研究生毛丹是一个希腊迷，他为这番地图作业提供了新的进展。罗得岛的革弥诺斯（Geminus）活跃于公元前后，著有《天文学导论》十八章，其中论述往往以罗得岛为参照点，他在第五章中写道：

> ……关于天球仪的描绘，子午线划分如下，整个子午圈被分为 60 等份时，北极圈（北天极附近的恒显圈）被描绘成距离北极点 6/60（36°）。

也就是说，当时革弥诺斯所见的天球仪的“北极出地”就是 36°，这恰好就是罗得岛的地理纬度。

为什么这时候可以不考虑 35.48° 了呢？理由是这样的：如果在公元前后或稍后的某个年代，有人向某个中国人（比方说那段传世的《张衡浑仪注》的作者或记录者）描述或转述一架罗得岛上的天球仪，那天球仪上的北极出地 36°，对于一个不是非常专业的听众或转述者来说，都很容易将它和中国古度的三十六度视同等价。

上面这个故事，并非十分异想天开，我们不难找到一些旁证。例如，在《周髀算经》的盖天学说中，就包含了古希腊人所知道的地球寒暑五带知识，而这样的知识完全不是中国本土的——在汉代赵爽为《周髀算经》作注时，他仍明确表示无法相信。

看来，在古代中国的宇宙模型中，早就有古希腊的影子若隐若现了。

古代中国到底有没有地圆学说？

中国古代地圆学说的文献证据

标题中的问题，是在明末西方地圆说传入中国，并被一部分中国学者接受之后，才产生的。而在很长一个时期内，由于中国学者热衷于为祖先争荣誉，对于这个问题的答案，几乎是众口一辞的“有”。但是这个问题其实也有一点复杂，并非简单的“有”或“没有”所能解决。

认为中国古代有地圆学说，主要有如下几条文献：

> 南方无穷而有穷。……我知天下之中央，燕之北、越之南是也。（《庄子·天下篇》引惠施）

> 浑天如鸡子，天体圆如弹丸，地如鸡中黄，孤居于内。天大而地小，天表里有水，天之包地，犹壳之裹黄。（东汉时张衡《浑仪注》）

> 天地之体，状如鸟卵，天包地外，犹壳之裹黄

> 也。周旋无端，其形浑浑然，故曰“浑天”也。周天……半覆地上，半在地下，故二十八宿半见半隐。(三国时王蕃《浑天象说》)

惠施的话，如果假定地球是圆的，可以讲得通，所以被视为地圆说的证据之一。后面两条，则已明确断言大地为球形。所以许多人据此相信中国古代已有地圆学说。

但是，所谓“地圆学说”，并不是承认地球是球形就了事了。

西方地圆学说的两大要点

在古希腊天文学中，地圆学说是与整个球面天文学体系——该体系直到两千多年后今天的现代天文学中仍被几乎原封不动地使用着——紧密联系在一起的。西方的地圆说实际有两大要点：

1. 大地为球形；

2. 地球与“天”相比非常之小。

第一点容易理解，但第二点的重要性就不那么直观了。

在球面天文学中，只有极少数情况，比如考虑地平视差、月蚀等问题时，才需要考虑地球自身的尺度，而在绝大部分情况下都是忽略地球自身尺度的，即视地球为一个点。这样的忽略不仅完全合理，而且非常必要。这只需看一看下面的数据就不难明白：地球半径与地日距离两值之比约为 1 ∶ 23 456。而地日距离在太阳系大行星中仅位列第三，太阳系的广阔已经可想而知。如果再进而考虑银河系、河外星系等，那就更广阔无垠，地球尺度与此相比，确实可以忽略不计。古希腊人的宇宙虽以地球为中心，但他们发展出来的球面天文学却完全可以照搬到日心宇宙和现代宇宙体系中使用——球面天文学本来就是测量和计算天体方位的，而我们人类毕竟是在地球上进行测量的。

再回过头来看古代中国人关于大地的观念。古代中国人将天地比作鸡蛋，那么显然，在他们心目中，天与地的尺度是相去不远的，事实正是如此。下面是中国古代关于天地尺度的一些数据：

《尔雅 · 释天》：天球直径为 387 000 里；地离天球内壳 193 500 里。

《河洛纬 · 甄耀度》：天地相距 678 500 里。

杨炯《浑天赋》：其周天也，三百六十五度。其去地也，九万一千余里。

以《尔雅 · 释天》中的说法为例，地球半径与太阳——古代中国人认为所有日月星辰都处在同一天球球面上——距离之比是 1 ∶ 1。在这样的比例中，地球自身尺度就无论如何也不能忽略。

明末来华耶稣会士向中国输入欧洲天文学，其中当然有地圆之说，虽然他们很少正面陈述地球与天相比甚小这一点，但因为在西方天文学传统中一向将此视为当然之理，自然反映于其理论及数据之中。例如《崇祯历书》论五大行星与地球之间距离，给出如下数据：土星距离地球：10 550 倍地球半径；木星距离地球：3 990 倍地球半径；火星距离地球：1 745 倍地球半径……。这些数据虽与现代天文学的结论不甚符合，但仍可看出在西方宇宙模型中，地球的尺度相对而言非常之小。又如《崇祯历书》认为，“恒星天”距离地球约为 14 000 倍地球半径之远，此值虽只有现代数值的一半多，毕竟并不离谱太远。

非常不幸的是，不忽略地球自身的尺度，就无法发展出古希腊人那样的球面天文学。学者们曾为古代中国为何未能发展出现代天文学找过许多原因，诸如几何学不发达、不使用黄道体系等，其实将地球看得太大，或许是致命的原因之一。然而从明末起，学者们常常忽视上述重大区别，力言西方地圆说在中国“古已有之”，许多当代论著也经常重复与古人相似的错误。

中国人接受地圆观念的困难

有一些证据表明，西方地圆观念在明末耶稣会士来华之前已经多次进入中国。例如，隋唐墓葬中出土的东罗马金币，其上多铸有地球图形。有时地球被握在君主手中，或是胜利女神站在地球上，有时是十字架立于地球之上，这就向中国人传递了大地为球形的观念。又如，在唐代瞿昙悉达翻译的印度历法《九执历》中，有“推阿修量法”，阿修量是太阳在月面所投下地球阴影的半径，这就意味着地球是一个球形。再如，元代西域天文学家扎马鲁丁向元世祖忽必烈进献西域仪象七件，其中就有地球仪。

明末耶稣会士向中国人传播地圆观念，曾受到相当强烈的排拒。例如，崇祯年间刊刻的宋应星著作《谈天》，其中谈到地圆说时说：

> 西人以地形为圆球，虚悬于中，凡物四面蚁附，且以玛八作之人与中华之人足行相抵。天体受诬，又酷于宣夜与周髀矣。

宋氏所引西人之说，显然来自利玛窦。而清初王夫之抨击西方地圆说甚烈，他既反对利玛窦地圆之说，也不相信这在西方古已有之。至于以控告耶稣会传教士著称的杨光先，攻击西方地圆之说，更在情理之中，杨氏说：

> 新法之妄，其病根起于彼教之舆图，谓覆载之内，万国之大地，总如一圆球。

另一方面，接受了西方天文学方法的中国学者，则在一定程度上完成了某种知识“同构”的过程。现今学术界公认比较有成就的明、清天文学家，如徐光启、李天经、王锡阐、梅文鼎、江永等，无一例外都顺利接受了地圆说。这一事实是意味深长的。一个重要原因，可能是西方地圆说所持的理由，比如向北行进可以见到北极星的地平高度增加、远方驶来的船先出现桅杆之尖、月蚀之时所见地影为圆形等，对于有天文学造诣的学者来说通常很容易接受。

这一时期中国学者如何对待西方地圆说，有一典型个案可资考察：

秀水张雍敬，字简庵，“刻苦学问，文笔矫然，特潜心于历术，久而有得，著《定历玉衡》”——应是阐述中国传统历法之作。朋友向他表示，这种传统天学已经过时，应该学习明末传入的西方天文学，建议他去走访梅文鼎，可得进益。张遂千里往访，梅文鼎大喜，留他作客，切磋天文学一年有余。事后张雍敬著《宣城游学记》一书，记录这一年中研讨切磋天文学之所得，书前有潘耒所作之序，其中记述说：

> （在宣城）朝夕讲论，逾年乃归，归而告余：赖此一行，得穷历法底蕴，始知中历、西历各有短长，可以相成而不可偏废。朋友讲习之益，有如是夫！复出一编示余曰：吾与勿庵（梅文鼎）辩论者数百条，皆已剖析明了，去异就同，归于不疑之

地。惟西人地圆如球之说，则决不敢从。与勿庵昆弟及汪乔年辈往复辩难，不下三四万言，此编是也。

《宣城游学记》原书已轶，看来该书主要是记录他们关于地圆问题的争论。值得注意的是，以梅文鼎之兼通中西天文学，更加之以其余数人，辩论一年之久，竟然仍未能说服张雍敬接受地圆概念，可见要接受西方地圆概念，对于一部分中国学者来说是何等困难。

望远镜在中国的早期谜案和遭遇

望远镜与中国的渊源，如果从 17 世纪初来华耶稣会士汤若望（Johann Adam Schall von Bell）专门介绍望远镜的中文作品《远镜说》算起，已有将近 400 年的渊源。再早些，耶稣会士阳玛诺（Manuel Dias）的中文作品《天问略》(1615 年）中已经提到望远镜了。但这个渊源也可能更早些，这就要牵涉到望远镜究竟何时发明的问题了，而这个问题在现代西方学者中至今未有定论。

以前中国人曾以为是伽利略发明了望远镜，后来大都采纳西方比较流行的说法：由荷兰人于 1608 年发明，而伽利略只是闻讯仿制并首先将其用于天文学观测，1610 年他在威尼斯出版了《星际使者》(*Sidereus nuntius*)，书中报道了他用望远镜获得的六大发现。

但也有许多学者相信，在伽利略之前就已经有望远镜了。在望远镜发明权之争中，英国数学家迪格斯（Digges）父子是重要的候选人。据说托马斯 · 迪格斯留下了一份详细的望远镜使用说明，这被认为可能是其父伦纳德 · 迪格斯生前已发明了望远镜的证据。伦纳德死于 1571 年，其时伽利略才 7 岁。

还有的学者相信，望远镜的历史还可以再往前追溯至少 1 500 年！例如，在希腊化时代斯特拉博（Strabo）的《地理学》中，已经出现了最早的关于望远镜的记载。而 13 世纪的罗吉尔 · 培根（Roger Bacon）则是另一个著名的候选人，相传他曾在牛津亲自制作了一架望远镜。而在培根的著作中，甚至提到古罗马统帅恺撒（Julius Caesar）就拥有望远镜了。英国的罗伯特 · 坦普尔（Robert Temple）还报道了现今收藏在雅典卫城博物馆等处的多个古代水晶透镜，他认为用这些透镜构成一架简易的望远镜是轻而易举的，因此坚信古人早已经拥有了望远镜。

中国明代留下的有关史料，在年代上当然不足以支持上述夸张的说法，但却也有若干可能将望远镜历史推前的证据。

明人郑仲夔《玉麈新谭 · 耳新》卷八中的记载，如果属实的话，那就表明望远镜早在伽利略用以进行天文观测之前很久就已有了，并且还被最早进入中国的耶稣会传教士之一利玛窦（Mathew Ricci）带到了中国。利玛窦于 1582 年到达中国，1600 年起定居北京，1610 年逝世——伽利略正是在这年出版《星际使者》的。《耳新》成书于 1634 年，此时《天问略》《远镜说》两书皆已刊行，郑氏读到它们固属可能；但是上述二书中所述伽利略用望远镜观测到的六大天文发现（金星位相、月面山峰、土星光环、太阳黑子、木星卫星、银河众星)，有五项郑氏都未提到。因此郑氏所记不像是因袭耶稣会士中文著作之说，很可能另有所据。

关于利玛窦的望远镜，《耳新》所言并非唯一的中文文献。比如清初的王夫之在《思问录·外篇》中也有“玛窦身处大地之中，目力亦与人同，乃倚一远镜之技，死算大地为九万里”之语，这是中国文献中关于利玛窦拥有望远镜的又一记载。而晚清著名学者王韬曾与传教士伟烈亚力合译《西国天学源流》一书，其中也谈到16世纪的望远望，说“伽利略未生时，英国迦斯空于1549年已用远镜于象限仪”，但学者们目前还未发现《西国天学源流》所据的原本。诸如此类的说法，都有可能从郑氏《耳新》的记载中获得间接支持。

1629年，徐光启奉命成立历局，召集来华耶稣会士编纂《崇祯历书》。据学者们考证，历局中已经装备有望远镜。在此后的年代中，西方的望远镜不断改进并越造越大，最终催生了现代天文学的主流——天体物理学。例如，1671年牛顿制作了反射望远镜，1672年卡塞格林（Cassegrain）式的反射望远镜也问世了。而海维留斯（Johannes Hevelius）1679年毁于大火的天文台上，他的长焦距望远镜（当时为了避免“球面像差”而采用的流行做法）长达150英尺。但是一个令人印象深刻的事实是：中国人虽然也早就学会了制造望远镜的技术，却几乎不把它用在天文学上。

清代李渔（1611—1680）有小说集《十二楼》，其中《夏宜楼》一篇，讲述一个书生在市场上购买了望远镜，用来窥看他心仪的美女，最后有情人终成眷属的故事。李渔要卖弄才学，居然在小说中留下了一长段关于望远镜的记述：

> 千里镜：此镜用大小数管，粗细不一。细者纳于粗者之中，欲使其可放可收，随伸随缩。所谓千里镜者，即嵌于管之两头，取以视远，无遐不到。……皆西洋国所产，二百年以前不过贡使携来，偶尔一见，不易得也。……数年以来，独有武林诸曦庵讳某者，系笔墨中知名之士，果能得其真传。所作显微、焚香、端容、取火及千里诸镜，皆不类寻常，与西洋土著者无异，而近视、远视诸眼镜更佳，得者皆珍为异宝。

其中“二百年以前不过贡使携来”一语，将望远镜来到中国的历史提前到了1480年之前，听起来相当大胆。毕竟是小说家言，不能完全视为信史，但据此推测望远镜的制造在17世纪后期的中国已经开始商业化，应该不算离谱。

然而就在这个时候，另一位著名来华耶稣会士南怀仁（Ferdinand Verbiest），1673年奉康熙之命建造了六座大型天文仪器——它们至今仍陈列在北京建国门古观象台上，基本保存完好。这六座大型皇家天文仪器有一个奇怪的、但是很少有人注意到的特点：它们全都未曾装置望远镜（哪怕只是用于提高测量精度的——这种想法和措施至迟 1640 年以后就在欧洲开始出现了）。古观象台上还有两座建造年代更晚的大型天文仪器，上面也未装置望远镜。

也就是说，最初是作为天文利器传入中国的望远镜，在中国甚至可以商业化生产之后，却并不被应用于天文学上。

北京古观象台上的大型仪器之所以没有装置望远镜，一个可能的解释是：南怀仁受了海维留斯保守观点的影响。海维留斯那时以精于天文观测著称于世，隐然第谷后身；他自己明明也热衷于装置大型望远镜用来观测天体，却终其一生坚决拒绝在用于方位测量的天文仪器上装置望远镜——尽管后来证明这样做可以明显提高观测精度。这一在今天看来难以理解的矛盾态度表明，一个新技术问世之初，有时并不能马上得到专家的充分信任。

为什么孔子诞辰可以推算

并不是所有历史人物的诞辰都可以用天文学方法推算，但孔子的诞辰恰好可以。这是因为在有关的历史记载中，孔子诞辰碰巧与一种可以精确回推的周期天象——日食——有明确的对应关系。

在此之前，孔子诞辰历来就有争议，前人也尝试推算过。但是当我们注意到日食之后，这个推算工作就可以变得相当“投机取巧”了。具体的推算过程我已经于1998年在海峡两岸同时发表了。不过，此事虽然不算复杂，但涉及一些大众不太熟悉的约定，从8年来的反映看，仍有一些读者不无疑问。

关于孔子的出生，一共只有三条历史记载传世：

1.《史记·孔子世家》：鲁襄公二十二年而孔子生。

2.《春秋公羊传》：（鲁襄公）二十有一年……九月，庚戌，朔，日有食之。冬，十月，庚辰，朔，日有食之。……十有一月……庚子，孔子生。

3.《春秋穀梁传》：（鲁襄公）二十有一

年春……九月，庚戌，朔，日有食之。冬，十月，庚辰，朔，日有食之。……庚子，孔子生。

第1条没有月、日的记载，无法提供诞辰；第2条自己有矛盾——“十月庚辰朔”之后20天是庚子，则整个十一月中根本没有“庚子”的日干支。只有第3条自洽而且提供了月份和日期，因此当然只能依据这一条来推算孔子诞辰。

很多人以为，要推算以中国夏历记载的历史事件日期，就必须知道该历史事件当时所使用的历法。这在一般情况下是对的，前人推算孔子诞辰也全都遵循这一思路。但公元前6世纪时中国所用历法的详情，迄今尚无定论，前人推算孔子诞辰之所以言人人殊，主要原因就在这里（因为各家都要对当时的历法有所假定和推测）。

其实孔子诞辰问题非常幸运，它根本不必遵循上述思路。因为在上述第3条记载中，有日食记录，而且已经分别提供了日食那天和孔子诞生那天的纪日干支（历史学界一致约定中国古代的纪日干支数千年来连续并且没有错乱），这就使我们可以借助天文学已有的成果，一举绕过历法问题而直取答案。

这些已有的天文学成果包括：

1. 对历史上数千年来全部日、月食的精确回推计算。

2. 对公元前日期表达的约定：即公元前日期用儒略历表达。所谓“公元前”，是我们对公元纪年的向前延伸，延伸自然应该连续，不能设想让16世纪才开始使用的格里历向前跳跃1 500多年去延伸。格里历虽比儒略历精确些，但天文学家推算历史日期时，其实并不使用这两种历法中的任何一种，而只是约定使用儒略历来表达——这只是为了方便公众理解而已。

3. “儒略日”计时系统：这是一种只以日为单位（没有年和月），单向积累的计时系统，约定从公元前4713年1月1日（儒略历）起算。这可以使天文学家在推算古代事件时，避开各古代文明五花八门的历法问题，获得一个共同的表达系统。中国古代连续不断的纪日干支系统实际上与“儒略日”异曲同工。

4. 中国古代纪日干支与公历日期的对应。

那么，鲁襄公二十一年是公元前552年，这年8月20日（儒略历），在曲阜确实可以见到一次食分达到0.77的大食分日偏食，而且出现此次日食的这一天，纪日干支恰为庚戌，这就与“九月庚戌朔，日有食之”的记载完全吻合（至于“冬十月庚辰朔，日有食之”的记载则无法获得验证，这次日食实际上并未发生）。然后，从“九月庚戌”逐日往下数50天，就到十月“庚子”，这天就是孔子的诞辰——事情就这么简单！

从下面这个表可以看得更清楚：

儒略日	史籍记载历日	天象与事件	公历日期（公元前）
1520037	襄二十一年九月庚戌朔	日食	552 年 8 月 20 日
1520067	襄二十一年十月庚辰朔	日食（实际未发生）	552 年 9 月 19 日
1520087	襄二十一年十月庚子	孔子诞生	552 年 10 月 9 日
1546536	哀十六年四月己丑	孔子去世	479 年 3 月 9 日

《史记·孔子世家》说“鲁襄公二十二年而孔子生”，但下文叙述孔子卒年时，却说“孔子年七十三，以鲁哀公十六年四月己丑卒”，鲁哀公十六年即公元前479 年，551 减 479 只有 72 岁，这个问题只能用“虚岁”之类的说法勉强解释过去。

所以结论是：

孔子于公元前 552 年 10 月 9 日诞生，公元前 479 年3 月 9 日逝世。

这个结果与《史记》中“孔子年七十三”的记载确切吻合。

另外，在上面的推算中，不需要对公元前 6 世纪的中国历法作任何假定和推测，事实上，我们根本不需要知道当时用什么历法。

顺便说说，邮电部在 1989 年发行“孔子诞辰 2540 周年”纪念邮票，是依据孔诞为公元前 551 年而发的，这就在年份上出了差错，因为 1989＋（551－1）＝2539 年——“公元 0 年”并不存在，所以公元前的年数必须减去1。

还有的人可能出于“国粹”之类的考虑，对于“阳历的孔子生日”极为反感，其实也无必要——在推算出正确的孔子诞辰之后，我们完全可以用对应的农历日期来表达孔诞（比如2006年这一次就是“丙戌年八月十八日”），只是这样的话，每年对应的农历日期就要浮动了，不方便记忆。

目前国家有关部门和孔子家族尚未正式接受我所推算的结果。他们可能有他们的考虑。关于伟人诞辰之类的问题，以前有一位学者说得非常好：确定孔子哪天诞生是科学问题，而在哪天纪念孔子是政治问题。作为学者，只需关心前者可矣。

周武王伐纣时见过哈雷彗星吗？

“武王伐纣，彗星出而授殷人其柄”

武王伐纣是中国历史上第一场留下了较多史料和理论建构的“革命”——这个词汇的本意是“改变天命”，我们今天仍在使用的词汇如“改革”“革新”“革除”中的“革”字，都还是类似意义。儒家虽然有“汤武革命”之说，但成汤灭夏桀只有简单记载且缺乏理论建构，非武王伐纣可比。

理论建构的要点，就是论证“天命归我”。但“天命”如何得知呢？那就需要观察天象了，所以武王伐纣这样一场“革命”，留下了16条与天象有关的记载。这些记载有真有伪，有些可以用现代天文学方法回推检验，但都可视为周人及后人为伐纣进行理论建构的一部分。

《淮南子·兵略训》载：“武王伐纣，……彗星出而授殷人其柄。”按后世流传的星占学理论来看，这是一个不利于周武王军事行动的天象，因为“时有彗星，柄在东方，可以扫西人也”。就是说，周武王的军队在向东进发时，在天空见到一颗彗星，它像一把扫帚，帚柄在他们要进攻的殷人那一边（东边）。但是对于天文学家来说，这条记载给出了彗头彗尾的方向，不失为一个宝贵信息。毕竟，古人记载天象是“搞迷信”用的，不是给现代天文学家当观测资料用的，所以一点一滴的信息都很宝贵。

已故紫金山天文台台长张钰哲，利用当时还很稀罕的 TQ－6 型电子计算机，计算太阳系大行星对哈雷彗星轨道的摄动，描述哈雷彗星 3 000 年轨道变化趋势，在此基础上，他对中国史籍中可能是哈雷彗星的各项记录进行了分析考证。经过张钰哲的研究，我们现在知道，从秦始皇七年（前 240）起，下至 1910 年，我国史籍上有连续 29 次哈雷彗星回归的记载；秦始皇七年之前还有 3 次回归记载。当然，记载了哈雷彗星的出现，并不意味着发现了哈雷彗星，因为古代中国人并不知道这 32 次记录的是同一颗彗星，因而实际上也就谈不到哈雷彗星的“回归”。

不过，张钰哲发表在《天文学报》1978 年第 1 期上的论文《哈雷彗星的轨道演变的趋势和它的古代历史》中，最引人注目的，是他详细探讨的中国史籍中第一次哈雷彗星记载，即公元前 1057 年的那次。它至少引出了一段持续 20 年的学术公案。

天文学家和历史学家的差别

张钰哲在论文中，详细讨论了哈雷彗星公元前 1057

年的回归和前述《淮南子 · 兵略训》中“武王伐纣……彗星出而授殷人其柄”记载的相关性，最后他得出结论：“假使武王伐纣时所出现的彗星为哈雷彗星，那么武王伐纣之年便是公元前 1057—1056 年。”

张钰哲这个结论，从科学角度来说是无懈可击的，因为他的前提是“假使武王伐纣时所出现的彗星为哈雷彗星”——也就是说，他并未断定那次出现的彗星是不是哈雷彗星。或者也可以说，张钰哲并未试图回答“周武王见过哈雷彗星吗”这个问题。

但是，到了历史学家那里，情况就出现了变化。例如，历史学家赵光贤在张钰哲论文发表的次年（1979），在《历史研究》杂志上撰文介绍了张钰哲的工作，认为“此说有科学依据，远比其他旧说真实可信”。然而，在赵光贤的介绍中，张钰哲的“假使”两字被忽略了，结果文科学者普遍误认为“天文学家张钰哲推算了武王伐纣出现的彗星是哈雷彗星，所以武王伐纣是在公元前 1057 年”。

这里需要注意的是，文科学者通常不会去阅读《天文学报》这样的纯理科杂志，而《历史研究》当然是文科学者普遍会阅读或浏览的，所以赵光贤的文章，使得无意中被变形了的“张钰哲结论”很快在文科学者中广为人知。在此后的 20 年中，尽管中外学者关于武王伐纣的年代仍有种种不同说法，但公元前 1057 年之说，挟天文科学之权威，加上紫金山天文台台长之声望，俨然占有权重最大的地位。一位文科学者的话堪称代表，在和我的私人通信中他写道：“1057 年之说被我们认为是最科学的结论而植入我们的头脑。”

周武王伐纣时没有见过哈雷彗星

转眼到了 1998 年，“夏商周断代工程”开始了。我负责的两个专题中，“武王伐纣时的天象研究”是工程最关键的重点专题之一，因为武王伐纣的年份直接决定了殷周易代的年份，而这个年份一直未能确定，所以古往今来有许多学者热衷于探讨武王伐纣的年代——到我们开始研究这个专题时，前人已经先后提出了 44 种武王伐纣的年份！这些年份分布在大约 100 年的时间跨度中，几乎每两年就有一个。

在这 44 种伐纣年份中，公元前 1057 年当然是最为引人注目的，也是我们首先要深入考察的。

前面说过，后世流传的武王伐纣时天象共有 16 条之多。这些天象记录并非全都可信，而且其中有不少是无法用来推定年份的。我们用电脑——这时个人电脑时代已经来临，我们当时用的是 486 电脑——对这 16 条天象记录进行地毯式的回推计算检验，结果发现只有 7 条可以用来定年。而在这 7 条天象记录中，《淮南子 · 兵略训》的“武王伐纣，……彗星出而授殷人其柄”居然未能入选。

因为只要回到张钰哲1978年《天文学报》论文的原初文本，就必须直面张钰哲的"假使"——我们必须解决这个问题：武王伐纣时出现的那颗彗星，到底是不是哈雷彗星？

张钰哲对哈雷彗星轨道演变的结论是可以信任的，所以我们可以相信哈雷彗星在公元前1057年确实是回归了；但由于武王伐纣年份本身是待定的，我们必须先对伐纣年份"不持立场"，所以伐纣时出现的那颗彗星是不是哈雷彗星，先不能通过年份来判断。

初看起来，这个问题几乎是无法解决的。但是我团队中的卢仙文博士和钮卫星博士，发挥了青年天文学家的聪明才智，居然找到了解决问题的途径。办法是，对武王伐纣年份所分布的100年间，哈雷彗星出现的概率进行推算。1999年，我们在《天文学报》上发表了论文《古代彗星的证认与年代学》，算是了却了这段学术公案：

在天文学上，将回归周期大于200年的彗星称为"长周期彗星"，这样的彗星无法为武王伐纣定年，先不考虑。周期小于200年但大于20年的彗星，称为"哈雷型彗星"，这样的彗星在我们太阳系中已知共有23颗（哈雷彗星当然也包括在内）。利用1701—1900年的彗星表，可以发现在此期间，有彗尾的彗星共出现80次（"彗星出而授殷人其柄"表明这颗彗星是有彗尾的），其中哈雷型彗星的占比是6%。如果将彗星星等限制到 3 等（考虑到过于暗淡的彗星肉眼难以发现），这个占比就下降到 4%。由于以目前的理论而言，可以认为近 4 000 年间太阳系彗星出现的数量是均匀的，因此可以认为上述比例同样适合于武王伐纣的争议年代。

目前已知的 23 颗哈雷型彗星中，有 6 颗的周期大于 100 年，这意味着，在公元前 1100—1000 年间，至少会有其中的 17 颗出现，其中某颗是哈雷彗星的概率已小于 1/17；再与前面统计所得哈雷型彗星的占比 4%—6%相乘，就降到了 0.24%—0.35%以下，或者说武王伐纣时的彗星为哈雷彗星的概率约为 0.3%——考虑到任何周期长于 100 年的彗星也都可能出现在这 100 年中，这个概率实际上还要更小。

而当我们从另外的 7 条天象记录得出武王伐纣之年是公元前 1044 年（牧野之战发生在公元前 1044 年 1 月 9 日）的结论之后，则哈雷彗星既然出现在公元前 1057 年，就反过来排除了武王伐纣时所见彗星为哈雷彗星的可能性。所以结论是：周武王伐纣时没有见过哈雷彗星（他在公元前 1057 年见到哈雷彗星还是可能的——当然他不会知道那是哈雷彗星）。

梁武帝：一个懂天学的帝王

在中国历史上，懂天学且有史料证据的帝王，据我所知仅二人而已，一是清康熙帝，二是梁朝开国之君梁武帝萧衍（464—549 年）。二人之学又有不同，康熙从欧洲耶稣会士那里学的基本上是今天被称为“天文学”的知识，而梁武帝所懂的才是“正宗”的中国传统天学——天文星占之学。

奇特的《梁书·武帝纪》

在历代官史的帝王传记中，《梁书·武帝纪》几乎是绝无仅有的一篇——星占学色彩极为浓厚。其中结合史事，记载天象凡 14 种 57 次。官史其他帝纪中，不但南朝诸帝，即使上至两汉，下迄隋唐，皆未有记载如此之多天象者。这些天象中最引人注目的是“老人星见”，竟出现了 34 次。

老人星即船底座 α，为南天 0 等亮星。530 年时其坐标为：赤经 87.90°，赤纬 −52.43°；黄经 84.70°，黄纬 −76.02°——这不是一颗北半球常年可见的恒星。史臣在《武帝纪》中反复记载“老人星见”，寓意只能从中国传统星占理论中索解。《开元占经》卷六十八“石氏外官·老人星占二十九”述老人星之星占意义极为详备，最典型的如：“王政和平，则老人星临其国，万民寿。”在中国传统星占学体系中，“老人星见”是很少几种安祥和平的吉庆天象之一。

《梁书·武帝纪》中的天象记录，从梁武帝即位第四年开始，至他困死台城而止。在他统治比较稳定且能维持表面上的歌舞升平之时，“老人星见”的记录不断出现。而他接纳侯景的太清元年（547），是为梁朝战乱破亡之始，出现的天象记录却是“白虹贯日”；此后更是只有“太白昼见”和“荧惑守心”，皆大凶之象。可见这是一篇严格按照中国古代星占学理论精心结撰的传记。

史臣为何要为梁武帝作如此一篇奇特传记呢?

对印度佛教天学的极度痴迷

梁武帝在位 48 年，绝大部分时间可算“海晏河清”，梁朝虽偏安江左，但仍能在相当程度上以华夏文化正统的继承者自居。大约在普通六年（525）前后，梁武帝突发奇想，在长春殿召集群臣开学术研讨会，主题居然是讨论宇宙模型！这在历代帝王中也可算绝无仅有之事。

这个御前学术研讨会，并无各抒己见自由研讨的氛围，《隋书·天文志》说梁武帝是“盖立新意，以排浑天之论而已”，实际上是梁武帝个人学术观点的发布会。他一上来就用一大段夸张的铺陈将别的宇宙学说全然否定：“自古以来，谈天者多矣，皆是不识天象，各随意造。家执所说，人著异见，非直毫厘之差，盖失千里之谬。”这番发言的记录保存在唐代《开元占经》卷一中。此时“浑天说”早已在中国被绝大多数天学家接受，梁武帝并无任何证据就断然将它否定，若非挟帝王之尊，实在难以服人。而梁武帝自己所主张的宇宙模型，则是中土传统天学难以想象的：

> 四大海之外，有金刚山，一名铁围山。金刚山北，又有黑山，日月循山而转，周回四面，一昼一夜，围绕环匝。于南则现，在北则隐。冬则阳降而下，夏则阳升而高。高则日长，下则日短。寒暑昏明，皆由此作。

梁武帝此说，实有所本——正是古代印度宇宙模式之见于佛经中者。现代学者相信，这种宇宙学说还可以追溯到古代印度教的圣典《往世书》，而《往世书》中的宇宙学说又可以追溯到约公元前 1 000 年的吠陀时代。

召开一个御前学术观点发布会，梁武帝认为还远远不够，他的第二个重要举措是为这个印度宇宙在尘世建造一个模型——同泰寺。同泰寺现已不存，但遥想在杜牧诗句“南朝四百八十寺”中，必是极为引人注目的。关于同泰寺的详细记载见《建康实录》卷十七“高祖武皇帝”，其中说“东南有璇玑殿，殿外积石种树为山，有盖天仪，激水随滴而转”。以前学者大多关注梁武帝在此寺舍身一事，但日本学者山田庆儿曾指出，同泰寺之建构，实为摹拟佛教宇宙。

“盖天仪”之名，在中国传统天学仪器中从未见过。但“盖天”是《周髀算经》中盖天学说的专有名词，《隋书·天文志》说梁武帝长春殿讲义“全同《周髀》之文”，前人颇感疑惑。我多年前曾著文考证，证明《周髀算经》中的宇宙模型很可能正是来自印度的。故“盖天仪”当是印度佛教宇宙之演示仪器。事实上，整个同泰寺就是一个充满象征意义的“盖天仪”，是梁武帝供奉在佛前的一个巨型礼物。

梁武帝在同泰寺“舍身”（将自己献给该寺，等于在该寺出家）不止一次，当时帝王舍身佛寺，并非梁武帝所独有，稍后陈武帝、陈后主等皆曾舍身佛寺。这看来更像是某种象征性的仪式，非“敝屣万乘”之谓。也有人说是梁武帝变相给同泰寺送钱，因为每次“舍身”后都由群臣“赎回”。

梁武帝又极力推行漏刻制度的改革，将中国传统的每昼夜分为百刻改为96刻。初看这只是技术问题，且

96 刻也有合理之处，但实际原因却是因梁武帝极度倾慕佛教中所说佛国君王的作息时间，自己身体力行，还要全国臣民从之。梁朝之后，各朝又恢复了百刻制。直到明末清初，西洋民用计时制度传入中国，一昼夜为 24 小时，与中国的十二时辰制度也相匹配，于是梁武帝的 96 刻制又被启用。到今天，一小时 4 刻，一昼夜恰为 96 刻，亦可谓梁武旧制了。

成也天学，败也天学

古代中国传统政治观念中，天学与王权密不可分——天学是与上天沟通、秉承天命、窥知天意最重要的手段；而能与上天沟通者才具有为王的资格。

萧衍本人通晓天学，《梁书·武帝纪》说他“阴阳纬候，卜筮占决，并悉称善”。《梁书·张弘策传》记萧衍早年酒后向张弘策透露自己夺取齐朝政权的野心，就是先讲了一通星占，结果张弘策当场向他表示效忠，后来果然成为梁朝开国元勋。萧衍在进行起兵动员时，自比周武王，也以星占说事：“今太白出西方，仗义而动，天时人谋，有何不利？”在中国古代星占理论中，金星（太白）总是与用兵有密切关系，如《汉书·天文志》有“太白经天，天下革，民更王”之说。故萧衍之言，从星占学角度来说是相当“专业”的。

东昏侯被废，萧衍位极人臣，接下来就要接受“禅让”了。搞这一出也要用天文星占说事，但这时要让别人来说了，“齐百官、豫章王元琳等八百一十九人，及梁台侍中臣云等一百一十七人，并上表劝进”，萧衍还假意谦让。最后“太史令蒋道秀陈天文符谶六十四条，事并明著”，萧衍才接受了，即位为梁武帝。不过他在《净业赋·序》中却说：“独夫既除，苍生苏息。便欲归志园林，任情草泽。下逼民心，上畏天命，事不获已，遂膺大宝。”仍然极力撇清自己。

梁朝承平四十余年，最后出了侯景之乱，华夏衣冠，江左风流，在战乱中化为灰烬。此事梁武帝难辞其咎。侯景原是东魏大将，领有黄河以南之地，不见容于魏主高澄，遂向梁投降。梁武帝因自己梦见“中原牧守皆以其地来降”，他相信自己“若梦必实”，群臣也阿谀说这是“宇宙混一之兆”，就接纳了侯景。解梦在古代也是星占之学的一部分，即所谓“占梦”，故梁武帝的决策仍有星占学依据。

不料侯景乘机向梁朝进军，颠覆了萧梁政权。梁武帝当年改朝换代，雄姿英发，那时他更多的只是利用天学；但在决策接纳侯景时，他似乎真的相信那些神秘主义学说了，这让他一世英名毁于一旦，最终竟饿死在台城。

回到明朝看徐光启

回到明朝看徐光启，当然不是展开幻想穿越时空，而是为了尽可能在当时的社会文化背景中来评价徐光启一生的事功。

徐光启（1562—1633）出生时家境贫困，当年他去应乡试，不得不自己担着行李在江边冒雨步行，而母亲在家竟至断粮。徐光启19岁中秀才，开始了他漫长的科举之路，直到42岁那年才算将这条做官报国的必由之路走完——这年他终于中了进士。科举之路持续了23年之久，也可以算“久困场屋”了。

明朝承平日久，士大夫生活优渥，许多知识分子空谈“心性之学”，不务实事，故有“平居袖手谈心性，临危一死报君王”之说，谓腐儒空谈无济于事。但徐光启属于当时另一批讲求“实学”的知识分子，他满怀报国热情，将他的精力和学识投入各种他能够（至少是希望能够）有所作为的领域。到他进入仕途的时代，大明王朝已经风雨飘摇，外有满洲入侵威胁，内有此起彼伏的武装叛乱。徐光启的仕途也不是一帆风顺，中间几度“下课”，还被阉党打击，受到过“冠带闲住”（褫夺权力但保留待遇）的处置。

考徐光启一生所成就之重要事功，计有五项：

一、引进推广番薯；二、编纂《农政全书》；三、与利玛窦合作译《几何原本》；四、组织编纂《崇祯历书》；五、练兵造炮引进新式炮兵。其中徐光启投入心力最大者，在组织编纂《崇祯历书》和练兵造炮。欲确切评价徐光启此五项事功之当时难易，就需要“回到明朝”，将此五项事功置于当时的社会文化背景中来考察。而欲评价上述五项事功之历史作用，则站在今天的立场回顾历史，又是另一番局面。

引进番薯和编纂《农政全书》

五事之中，引进推广番薯和编纂《农政全书》都比较容易，在文化方面没有什么需要克服的障碍，因为中国传统文化中一直有这两件事的先例。中国历史上不断从周边引进各种植物，我们今天熟悉的西瓜、西红柿、葡萄、胡桃、胡麻、胡葱等，都属此例。以前美国学者劳费尔有《中国伊朗编》一书，收集了大量这方面的实例。徐光启引进推广的番薯只是在这一长串名单中新增加了一个而已。中国学者编纂农书也是有传统的，著名者如北朝贾思勰的《齐民要术》等。徐光启编纂《农政全书》，意欲集历史上农书之大成，也是这个传统下的新成果。

至于引进番薯并推广种植的后果，则可以有大相径庭的评价，想来俱非徐光启始料所及：一种说法是，番薯解决了大量人口的口粮问题，特别是荒年的口粮问题，故中国人口此后得以繁盛至数亿，徐光启厥功甚伟。另一种说法则认为，中国人口繁盛在今天看来并非好事，故徐光启引进推广番薯也就不能称为历史功绩。前一种说法其实需要社会学研究的数据支持才能成立，后一种说法则几近强词夺理，恐非持平之论。

与利玛窦合作翻译《几何原本》

明万历三十一年（1603）冬，明末最早来华的耶稣会士之一利玛窦（Matteo Ricci）在北京遇见徐光启。其实三年前他们已在南京见过一次，但这次才有机会开始真正交往。虽然在利玛窦看来，徐光启最初的兴趣集中在与宗教有关的问题上，“多咨论天主大道，以修身昭事为急”，但后来也向利氏请教西方科学和文化方面的问题。利氏告诉他有一部叫做《几何原本》——那时当然还没有这个中文书名——的书，非常有价值，他自己一直想将它翻译成中文。徐光启表示愿意和利氏携手，共同来完成这项工作。几年后，他们合作翻译了《几何原本》前六卷，中译本于 1607 年出版刊行。

学者们通常认为，《几何原本》大约于公元前 300 年左右，在希腊化时代的亚历山大城成书。此后它在西方承传不绝，从希腊文本，经过阿拉伯文本，再到拉丁文本。《几何原本》很可能在元代已经来到过中国。

元代上都的回回司天台，既与伊儿汗王朝的马拉盖天文台有亲缘关系，又由伊斯兰天文学家札马鲁丁领导，它在伊斯兰天文学史上，无疑占有相当重要的地位。不过对于这座天文台，我们今天所知信息非常有限。元代《秘书监志》中有一份回回司天台藏书目录，其中天文数学部分共 13 种，其第一种是“兀忽列的《四擘算法段数》十五部”，方豪认为这就是欧几里得的《几何原本》，“十五部”也恰与《几何原本》的 15 卷吻合，而“兀忽列的”就是“欧几里得”的阿拉伯文或波斯文读法。

徐光启在《〈几何原本〉杂议》中有一段话：

> 昔人云：“鸳鸯绣出从君看，不把金针度与人”，吾辈言几何之学，政与此异。因反其语曰：“金针度去从君用，未把鸳鸯绣与人”，若此书者，又非止金针度与而已，直是教人开草冶铁，抽线造针，又是教人植桑饲蚕，湅丝染缕。有能此者，其绣出鸳鸯，直是等闲细事。

从这段相当文学化的论述来看，徐光启已将《几何原本》视为一种基础性的经典。这种认识当然很可能是利玛窦向他灌输的结果。不过徐光启的这种认识，在当时的中国知识阶层能得到多大的认同，是一个饶有趣味的问题。一些材料表明，当时很少有人看得懂《几何原本》。利玛窦曾对另一位皈依基督教的中国高级官员杨廷筠说，只有李之藻、徐光启两个人看得懂《几何原本》。故此书问世之后“受到的称赞远高于对它的理解”。

由于徐光启、李之藻和杨廷筠等人都是当时中国知识界讲论“西学”的领袖人物（此三人被称为基督教在中国的“三柱石”），所以他们对《几何原本》的高度推崇，为此书营造了一圈神圣光环。徐光启等人的推崇可能产生了一种类似前些年霍金《时间简史》在英国和中国的状况：使此书成为一种时髦，许多人都以谈论、购买、阅读（其实至多只是翻阅）此书为荣，而以不知道此书为耻。

领导编纂《崇祯历书》

徐光启一生五大事功中，最有成效的是他在1629—1633年间主持历局，召集来华耶稣会士修订编纂了被称为“欧洲古典天文学百科全书”的《崇祯历书》。徐光启先后召请耶稣会士龙华民、邓玉函、汤若望和罗雅谷四人参与历局工作。《崇祯历书》卷帙庞大，其中“法原”即理论部分，占到全书篇幅三分之一，系统介绍了西方古典天文学理论和方法，着重阐述了西方天文学史上托勒密、哥白尼、第谷三人的工作。大体未超出开普勒行星运动三定律之前的水平，但也有少数更先进的内容。具体的计算和大量天文表则都以第谷体系为基础。《崇祯历书》中介绍和采用的天文学说及工作，分别采自当时的何人何书，大部分已由笔者昔年考证出来。

因中国古代将历法视为统治权的象征，徐光启任用西人西法来修撰历书，在当时许多中国士大夫看来是一件难以接受的事情。故在《崇祯历书》编撰期间，徐光启、李天经（徐光启去世后由他接掌历局）等人就与保守派人士如冷守忠、魏文魁等反复争论。前者努力捍卫西法（即欧洲的数理天文学方法）的优越性，后者则力言西法之非而坚持主张用中国传统方法。《崇祯历书》修成之后，按理应当颁行天下，但由于保守派的激烈反对，又不断争论了十年之久未能颁行。

1644 年 3 月，李自成军进入北京，崇祯帝自缢。汤若望将《崇祯历书》作了删改、补充和修订，献给清政府，得到采纳，并由顺治亲笔题名《西洋新法历书》，当即颁行于世。这当然不会是徐光启乐意看到的结果，不过《崇祯历书》及其所依据的天文学理论，从此成为中国的官方天文学体系，长达两百余年。如从科学史的角度和历史影响而言，此事当属徐光启成就的最大事功之一。

练兵和造炮

练兵一事，徐光启为此长期投入极大精力，他不断向朝廷呼吁练兵、造炮、守城等事，并积极帮助引进西洋先进火炮技术。1619 年他还亲自拟定《选练条格》(士兵操典)，亲自考核挑选了 4 655 名士兵，开始操练。但因为朝廷官僚机构互相推诿牵掣，军饷器械都不给予充分支持，并将他尚未练成的部队强行调往前线，终使他练兵的努力不了了之。此后徐光启的军事思想不得不依靠他的入室弟子、炮兵专家孙元化来实现。

孙元化官至登莱巡抚，一度统帅了当时中国最精锐的炮兵部队。徐光启等人千辛万苦，甚至动用自己的俸禄，引进欧洲新式炮兵技术，包括铸造、操作，乃至引进外籍炮兵军官，在此基础上建成了孙元化麾下的新式炮兵部队。和中国旧有的炮兵相比，新式炮兵不仅大炮铸造更为精良，而且具备了弹道学原理指导下的瞄准技术。

历史有时是非常戏剧性的——明清之际最著名的一批汉奸，如吴三桂、“三藩”孔有德、耿仲明、尚可喜，以及降清将领刘良佐、刘泽清、白登庸等人，皆曾为孙元化部下。这一现象绝非偶然，正是因为他们统帅的新式炮兵在侵略明朝的战争中屡建奇功，这些叛将才得以“成长”为大汉奸。最终孙元化因为部下的叛变降清，于 1632 年被朝廷处死，徐光启练兵造炮救国的梦想彻底破灭。

徐光启的精神

从徐光启对《几何原本》的推崇，很自然会引导到这样一个问题：徐光启推崇西学，但他指望这些西学在中国起什么作用呢？

以前许多人批评著名的“中学为体，西学为用”——这个口号被追溯到晚清张之洞（更具学究色彩的认定是吴之榛）。其实中国在历史上，经常接受来自异域的文化和科学知识，而且从来就是以“中学为体，西学为用”的态度来对待它们的，徐光启也不例外。

徐光启之讲论西学，无论是与利玛窦合作翻译《几何原本》，还是召集耶稣会士修撰《崇祯历书》，乃至引进欧洲新式火炮技术，所有这些，在他看来都只是发挥其“用”，即提供技术层面的工具。即使对于徐光启自己皈依信奉的天主教，他也没有打算让它变成“体”。信奉天主、领洗、成为教徒，那只是他个人的“修身”，而不是要用基督教义来取代或影响中国的传统政治理念。

因此可以说，徐光启当年对待西学的态度，和我们今天对待现代科学技术的态度，其实是一样的。这既不证明徐光启当年如何“先进”，也不证明我们今日如何“落后”，因为我们中国人从来就是用这种态度对待外来文化和知识的。

徐光启不是现代意义上的科学家。将他说成科学家不是美化他，而是贬低他，因为事实上他比科学家更伟大。单举两个方面就足见他的伟大。

其一是开放精神，在徐光启那个年代，要像他这样开放心怀去接受西方的思想和文化，远不是今天因“与国际接轨”而被多方鼓励的事情，相反是需要克服重重困难的。作为知识分子，他的开明在当时实属难能可贵。

其二是勤政清廉。作为官员，他的上述五项事功已足见他的勤政；而他死后身无余财，极其清廉，这一点实在让人敬佩，值得今天的公务员们认真学习。

徐光启的悲剧人生

徐光启的一生，是一出彻头彻尾的历史悲剧。

在传世的画像（明代作品）中，徐光启消瘦憔悴，眉目间透露出深深的忧虑。

徐光启活了71岁，去世前两个月官至“光禄大夫左柱国太子太保文渊阁大学士”。在那个时代，看起来他似乎也应该算是“位极人臣”、“福寿双全”了。然而实际上，徐光启一生可以归结为一个“苦”字：贫苦、困苦、劳苦、愁苦、痛苦。

孙元化被处死的次年，徐光启在忧愤中病逝。第二年，《崇祯历书》修撰完成，又十年（即1644年），大明王朝崩溃。此时，徐光启曾寄予厚望的新式炮兵部队，已成大举进军中原的满洲军队的精锐，反而加速了明朝的灭亡。而他晚年为之呕心沥血的《崇祯历书》，被改名《西洋新法历书》，由清朝政府颁行天下，成为新朝“乾坤再造”的象征。徐光启若泉下有知，对此将情何以堪？

有人出于对徐光启的尊敬和推崇，将徐光启说成“一个精明的上海人”，说他十分懂得灵活变通。鄙意以为这种说法既不符合已知的历史文献，从客观效果来说也只会消解徐光启的崇高形象。徐光启一生悲情，年轻时苦学考试，中年做官后仍然忧患频仍。他想做的事情大都遭到各种阻挠，晚年为之呕心沥血的《崇祯历书》直至辞世也未能见其完成，引进新式炮兵虽然成功了结果却又偏偏事与愿违……。这样的悲情人生，恐怕不是被视为“精明”的上海人愿意过的吧？

疯狂的恶棍与天才数学家：秦九韶与一次同余式理论

关于中国人对于世界科学史的贡献，经常被提起的不外“四大发明”之类，其实还有一些不那么著名的贡献，也确实是由中国人作出，并且得到西方学者承认的。例如“中国剩余定理”——这是西方数学史著作中对一次同余式定理的称呼。因为关于这个问题最先出现于中国南北朝时期的数学著作《孙子算经》中，所以又被称为“孙子定理”。

对于这个问题，历史上的西方数学家也做过大量研究，但最重要的贡献由南宋数学家秦九韶（1202—1261）作出。现今的数学史著作几乎都会提到秦九韶和他的数学著作《数书九章》。在今四川安岳（这里被认为是秦的故乡）还有秦九韶纪念馆，甚至还命名了一所“秦九韶中学”。但对于秦九韶究竟是何等样人，除了“伟大的数学家”之外，通常就讳莫如深了。用现代的眼光看，秦九韶可能是中国历史上少见的奇人之一。

所谓“一次同余式”问题，最早可见《孙子算经》卷下第26题：“今有物不知其数，三三数之剩二，五五数之剩三，七七数之剩二，问数几何？”用现代数学语言表示，就是求解一次同余式组：

$$N \equiv R_1 \pmod{3} \equiv R_2 \pmod{5} \equiv R_3 \pmod{7}$$

其解可表示为：

$$N = 70R_1 + 21R_2 + 15R_3 - 105P$$

这里 P 为整数，在上述问题中，$R_1 = R_3 = 2$，$R_2 = 3$，取 $P = 2$，得到答案：$N = 23$。

在明朝程大位的数学著作《算法统宗》中，上述题解被写成一首在数学史上流传颇广的歌诀：

> 三人同行七十稀，五树梅花廿一枝，七子团圆正月半，除百零五便得知。

不能小看这道题目（在数字很小且只有三组的情况下，凑数字也能求出其解），它背后的学问还是很大的。在欧洲，大约在 10 世纪时开始出现讨论一次同余式问题的萌芽，而世界科学史上一连串辉煌的名字都曾和这个问题联系在一起：例如阿尔哈桑（Ibn al-Haithan）、斐波那契（Fibonacci）、欧拉（L. Euler）、拉格朗日（J. Lagrange）、高斯（Gauss）……。后来来华的传教士伟烈亚力（Alexander Wylie）将《孙子算经》卷下第 26 题介绍到了欧洲，1874 年 L. Methiesen 发表文章，指出《孙子算经》中的解法与高斯定理相合，于是西方人将其定名为“中国剩余定理”。

古代中国人注重实用，这个一次同余式问题也不是只拿来做数字游戏的。说大一点，它和中国古代的政治大有关系。中国古代将天文历法看作极其神圣的事物，在早期这曾经是王权确立的必要条件之一，后来则长期成为王权的象征。而在中国历法史上，曾有很长时期追求一个理想的时间起算点——这个起算点要从制定某部历法的当年向前逆推，被称为“上元积年”。在这个起算时刻，日、月、五大行星都恰好位于它们各自周期的起点，同时这个时刻又恰好是节气中的冬至，而这个时刻所在的这一天的纪日干支又要恰好是“甲子”，如此等等。要满足这么多的条件，就需要求解一个多达 9 项的一次同余式组，在没有计算机的时代，求解的计算工作量将达到骇人的地步。数学史家相信，在《孙子算经》中上述趣题出现之前，中国历法中已经使用一次同余式组来求解上元积年了。而南朝祖冲之《大明历》中的上元积年，就被认为是解算 9 项一次同余式组而获得的。唐代一行《大衍历》中的上元积年年数竟达 96 961 740 年，也被认为是求解一次同余式组而获得的。但是祖冲之和一行等人究竟是如何解算的，却一直没有人能够知道。

在这个问题上最重要的理论贡献，就是由秦九韶做出的。他在《数书九章》中给出了“大衍求一术”——即一次同余式问题的系统解法（用他的方法确实可以求出《大衍历》中的上元积年，尽管这还不足以证明一行就是用的这种方法）。这被认为是中国古代数学中的一项伟大成就，在世界数学史上也可以占据一席之地。

关于秦九韶究竟是何等样人，其实宋人文献中留下了相当丰富的记载，主要可见于周密的《癸辛杂识续集》卷下和著名词人刘克庄文集中的“缴秦九韶知临江军奏状”。秦九韶 18 岁就统帅私人武装，为人“豪宕不羁”，如果将他和意大利文艺复兴时期的那些风云人物相比，竟有几分相似：他多才多艺，懂得星占、数学、音乐、建筑，还擅长诗文，会骑术、剑术、踢球等。同时又利欲熏心，骄奢淫逸，热衷于做官，一心往上爬。秦九韶做过几任地方官，最后死在梅州任上。他最高做到大约相当于今天局级的官职。

秦九韶行为乖戾，出人意表，被他的同时代人认为是“不孝、不义、不仁、不廉”，平日横行乡里，恶霸一方，所以多次被褫去官职或取消任命。例如，在他担任地方长官的父亲宴客时，他带着妓女出席。又如，他竟能将他上司的田产“以术攫取之”，在其中建造他的超豪华庄园——他亲自设计那些奇特的房屋。再如，他命令手下杀死自己的儿子，而且亲自设计了毒死、用剑自裁、溺死三种方案；当得知这名手下偷偷放了他儿子时，他竟巨额悬赏，满世界追杀儿子和这名手下。有一年夏天，秦九韶和一个他所宠爱的姬妾月夜在庭院中交欢，不意被一个汲水的仆役撞见，他认为那仆役有意窥探他的隐私，就诬告该仆役偷盗，将其送官，要求判仆役黥面流放。地方官认为该仆役罪不至此，没有按照秦九韶的要求判决，秦九韶为此怀恨地方官，竟企图将他毒死。当时的记载说秦九韶“多蓄毒药，如所不喜者，必遭其毒手”。

这就是被刘克庄称为“暴如虎狼，毒如蛇蝎，非复人类”的秦九韶。毫无疑问，他是一个疯狂的恶棍，但与此同时，他确实也是一个天才的数学家。我们甚至可以推想，如果他有时间或精力写下音乐或建筑方面的著作，也可能又有某项历史性的贡献。可惜他的绝大部分时间和精力，看来都耗费在放纵物欲上了。

勾股定理：陈述与证明，特例与通例

勾股定理是一个许多国家都喜欢"据为己有"的定理，西方流行的名称是"毕达哥拉斯定理"——相传由古希腊的毕达哥拉斯（Pythagoras，约前580—前500）所证明，在法国它被称为"驴桥定理"，据说古埃及人也已经知道它，所以又有"埃及三角形"之名。在中国，由于《周髀算经》中托言商代的商高发现了它，所以许多中国人认为它应该被称为"商高定理"。

要判断改称"商高定理"是否有理，关键是要弄清两对概念：一是"特例"与"通例"，二是"陈述"与"证明"。

《周髀算经》中确实有两处直接讲到勾股定理。

第一处是第一节中商高对周公谈到"矩"时所言："故折矩以为勾广三，股修四，径隅五。既方其外，……两矩共长二十有五，是谓积矩。"所谓"矩"就是木工用的直角尺（现代汉语中仍然使用的"规矩"一词即来源于此），它可以构成一个直角三角形。上述引文明确陈述了勾股定理在"勾三股四弦五"时的特例，即：

$$3^2 + 4^2 = 5^2$$

第二处见第三节："从髀至日下六万里而髀无影，从此以上至日则八万里。……至日所十万里。"这段论述确实陈述了勾股定理的一次具体应用，但是很明显，这次仍然是"勾三股四弦五"时的特例，只是乘上了系数 2（万），变成了 6、8、10 而已。

这样看来，一些学者认为《周髀算经》中只是陈述了勾股定理在"勾三股四弦五"时的特例，确实有据可信。

然而，也有一些学者对此持有异议，他们认为《周髀算经》中的勾股定理并不限于"勾三股四弦五"时的特例，而是普适的。主要的理由是，在《周髀算经》中还有三处使用了能够由勾股定理计算出来的数据，而且这三处所涉及的数据并非"勾三股四弦五"时的特例。

《周髀算经》中的这三处数值集中见于第四节中：

> 夏至之日正东西望，直周东西日下至周五万九千五百九十八里半。

> 冬至之日正东西方不见日，以算求之，日下至周二十一万四千五百五十七里半。

> 东西各三十九万一千六百八十三里半。

上述三个数值确实需要引用勾股定理来算得，而且其中的数值并非“勾三股四弦五”时的特例。因此认为在《周髀算经》中有普适的勾股定理的主张，也不是没有道理。

但是我们需要辨析的是，在《周髀算经》中明确陈述的勾股定理，确实只有“勾三股四弦五”时的特例，见于第一节和第三节。而第四节中虽然使用了普适的勾股定理来计算数值，却根本没有将它明确陈述出来。

更重要的是，无论是勾股定理的“勾三股四弦五”特例还是普适情形，《周髀算经》原书都未能给出任何证明。

对普适情形的勾股定理的有效证明，是由东汉末年的赵爽作出的。赵爽在《周髀算经》卷上的注文中，插入一篇短文专论勾股定理，对定理的证明就在其中。赵爽的证明由于附图佚失，颇难理解，后经钱宝琮详细考证，采用现代数学符号加以解说，并补绘附图，世人始明其意。

有一点值得特别指出，赵爽之证明勾股定理，主要是应用“等面积原理”，而西方历史上对勾股定理的一些著名论证，比如欧几里得（Euclid）证明、达·芬奇（L. da Vinci）证明、威伯（Wipper）证明、爱泼斯坦（Epstein）证明、潘利迦（H. Perigal）证明等，采用图形移补之法，依据的也是“等面积原理”。可见在这一问题上，东西方的先哲们可谓英雄所见略同。

西学东渐之后，中国人知道勾股定理在西方被称为“毕达哥拉斯定理”。看到中国“古已有之”的定理被以西人命名，使一些中国人心中感到不平。在 20 世纪 20 年代初，有的中学数学教科书就赫然将“毕达哥拉斯定理”改名为“商高定理”，理由是，商高既然与周公对话，必为周公同时代人，则其年代早于毕达哥拉斯数百年无疑也。至 50 年代，在特定的时代氛围中，不少人以激情谈学术，纷纷旧话重提，要求将勾股定理“正名”为“商高定理”。其流风遗韵，至改革开放后尚不绝如缕。

关于勾股定理，已故著名数学史家钱宝琮在 80 年前的论文《周髀算经考》中就已经有极为精当的论述：

> 今人撰算书称勾股定理，不曰毕达哥拉斯定理，而曰商高定理，以尊重国学，意至善也。余则以为算学名词宜求信达。周公同时有无商高其人、《周髀》之术，姑不具论；藉曰有之，亦不过当时知有勾三、股四、弦五之率耳，不足以言勾股通例也。中国勾股算术至西汉时《周髀算经》撰著时代始有萌芽，实较希腊诸家几何学为晚。题曰商高，似属未妥。

80 年过去，钱宝琮的论述仍然完全正确。事实上，将这个定理称为“勾股定理”是最为稳妥的——既简捷明了直指事实，又避免了无谓的发明人之争，而且仍然有着强烈的中国特色，何乐而不为呢?

当然，我们也没有任何理由强求西方人改变他们对这一定理的习惯称呼。

古代历法：科学为伪科学服务？

人们常说“天文历法”，但历法究竟是用来干什么的？也许你马上会想到日历（月份牌）——历法，历法，不就是编日历的方法吗？这当然不算错，但编日历其实只是历法中极小的一部分功能。

当我们谈论“历法”时，其实涉及三种东西：

历谱，也就是今天的日历（月份牌），至迟在秦汉时期的竹简中已经可以看到实物。

历书，即有历注的历谱，就是在具体日子上注出宜忌（比如“宜出行”、“诸事不宜”之类）。这种东西在先秦也已经出现，逐渐演变到后世的“皇历”，也就是清代的“时宪书”。作为“封建迷信”的典型，传统的历书在20世纪曾长期成为被打击的对象，一度在中国大陆绝迹，近年则又重新出版流行。只是其中的历注较以前简略了不少。

历法，现今通常是指在历朝官修史书的《律历志》中保存下来的文献。其中包括94种中国古代曾经出现过的历法，时间跨度接近三千年。

许多人希望中国古代的东西多一些“科学”色彩，

所以他们喜欢将中国历法称为“数理天文学”。这确实是科学，但这科学是为什么对象服务的？真相一说出来，却难免要大煞风景了。

欲知一部典型的中国古代历法究竟是何光景，可以唐代著名历法《大衍历》(727 年修成）为例，其中包括如下七章：

“步中朔”章，共 6 节，主要为推求月相的晦朔弦望等内容。

“步发敛”章，共 5 节，推求二十四节气与物候、卦象的对应，包括“六十卦”、“五行用事”之类的神秘主义内容。

“步日躔”章，共 9 节，讨论太阳在黄道上的视运动，其精密程度，远远超出编制历谱的需要，主要是为推算预报日食、月食提供基础。

“步月离”章，共 21 节，专门研究月球运动。因月球运动远较太阳运动复杂，故篇幅远远大于上一章，其目的则同样是为预报日食、月食提供基础——只有将日、月两天体的运动都研究透彻，才可能实施对日食、月食的推算预报。

“步轨漏”章，共 14 节，专门研究与授时有关的各种问题。

“步交会”章，共 24 节，在前面“步日躔”、“步月离”两章的基础上，给出推算预报日食、月食的具体方案。

“步五星”章，共24节，用数学方法分别描述金、木、水、火、土五大行星的运动。

很容易看出，这样一部历法，主要内容，是对日，月，金、木、水、火、土五大行星这七个天体（即“七政”）运动规律的研究；主要功能，则是提供推算上述七个天体任意时刻在天球上的位置的方法及公式。至于编制历谱，那只能算是其中一个很小、也很简单的功能。

那么古人为什么要推算七政在任意时刻的位置呢?

以前有一个非常流行的说法，说中国古代的历法是“为农业服务”的——指导农民种地，告诉他们何时播种、何时收割等。许多学者觉得这样的说法能够给我们古代历法增添“科学”的光环，很乐意在各种著述中采用此说。

但是许多事情其实只要稍一认真就能发现问题。姑以上面的《大衍历》为例，我们只消做一点最简单的思考和统计，就能发现“历法为农业服务”这个说法是多么荒谬。

且不说农业的历史远远早于历法的历史，在没有历法的时代，农民早就在种植庄稼了，那时他们靠什么来“指导”？我们就看看历法中研究的七个天体，六个都和农业无关：五大行星和月亮，至少至今人类尚未发现它们与农业有任何关系；只剩下太阳，确实与农业有关。但对于指导农业而言，根本用不着将太阳运动推算到“步日躔”章中那样精确到小时和分钟——事实上，只要用“步发敛”章的内容，给出精确到日的历谱，在上面注出二十四节气，就足以指导农业了。

那好，我们就来统计《大衍历》：整部历法共 103 节，“步发敛”章只有 5 节，也就是说，整部历法中只有不到 5%的内容与指导农业有关。由于《大衍历》是典型的中国古代历法，其他的历法基本上也都是这样的结构，因此也就是说，“历法为农业服务”这个说法，只有不到 5%的正确性。

那么数理天文学剩下的 95%以上的内容，是为什么服务的呢？——为星占学服务。

因为在古代，只有星占学需要事先知道被占天体运行的规律，特别是某些特殊天象出现的时刻和位置。比如，日食被认为是上天对帝王的警告，所以必须事先精确预报，以便在日食发生时举行盛大的仪式（禳祈），向上天谢罪；又如，火星在恒星背景中的位置经常有凶险的星占学意义，星占学家必须事先推算火星的运行位置。

如果认为星占学是伪科学，那么历法（数理天文学）这个科学就是在为伪科学服务。古波斯的《卡布斯教诲录》中说：“学习天文的目的是预卜凶吉，研究历法也出于同一目的。”这个论断，对于古代诸东方文明来说，都完全正确。

天文年历之前世今生

1679 年在法国出版的《关于时间和天体运动的知识》，通常被认为是时间上最早的天文年历。其实类似的出版物早已有之，就是星占年历——其中包括一年中重要的天文事件，如日月交食、行星冲合；当然也包括历日以及重大的宗教节日，以及对来年气候、世道等的预测。星占年历中还包括许多各行各业的常用知识汇编，比如给水手用的年历中有航海须知，而给治安推事用的年历中有法律套语等。

1600 年之前，在欧洲这类读物至少已经出现了 600 种，此后更是迅猛增长。例如，17 世纪英国著名的星占学家 W. Lilly 编的星占年历，从 1948 年起每年可以售出近 30 000 册。而在此之前，伟大的天文学家开普勒，早就在编算 1595 年的星占年历了。他因为在年历中预言这年“好战的土耳其人将侵入奥地利”、“这年的冬天将特别寒冷”都“应验”而声名鹊起，此后不断有出版商来请他编年历，这对于他清贫的生活来说倒也不无小补。

如果说那些被赋予政治使命的，或是出于星占目的的年历，不能算“纯粹”的天文年历的话，那么比较“纯粹”的天文年历出现于 18 世纪。《英国天文年历》从 1767 年起逐年出版，9 年后《德国天文年历》开始逐年出版，《美国天文年历》1855 年起出版，苏联自己编的《苏联天文年历》1941 年才开始出版。

要说起天文年历在中国的身世，那真可谓家世悠久，血统高贵。

据《周礼》记载，周代有天子向诸侯“颁告朔”之礼，所谓“颁告朔”，就是告诉诸侯“朔”在哪一天，用今天的眼光来看，这可以视为天文年历的滥觞——因为朔仍是今天的天文年历中的内容之一。而与包括日月及各大行星及基本恒星方位数据、日月交食、行星动态、日月出没、晨昏蒙影、常用天文数据资料等内容的现代天文年历相比，清代钦天监编算的《七政经纬躔度时宪书》也算得上天文年历的雏形。

诸侯接受“颁告朔”，就意味着遵用周天子所颁布的历法，也就是奉周天子的“正朔”，这是承认周天子宗主权的一种象征性行为。这种带有明显政治色彩的行为，在中国至少持续了三千年之久。在政权分裂或异族入侵的时代，奉谁家的“正朔”是政治上的大是大非问题；而当中国强盛时，向周边国家“颁赐”历法，又成为确认、宣示中国宗主权的重要行为。

但是天文年历在中国的现代化却又命途多舛。说起来，中国编算现代天文年历比苏联还早。然而在中国当时特殊的社会环境中，此事却总和政治纠缠在一起。

1911 年辛亥革命，中华民国成立后，临时大总统孙中山发布的第一条政令，就是《改用阳历令》。改用当时世界已经通用的公历（格里历），当然是符合科学的；然而立国的第一条政令就是改历法，这本身就是中国几千年政治观念的不自觉的延续——新朝建立，改历法，定正朔，象征着日月重光，乾坤再造。让历法承载政治重任的传统旧观念，在新时代将以科学的名义继续发生着影响。

中华民国成立的观象台，曾出版过 1915 年和 1917 年的《观象岁书》，接着在军阀战乱中，此事无疾而终，停顿了十几年。直到 1930 年才由中央研究院天文研究所开始比较正式的天文年历编算工作。没想到此时却爆发了长达两年的高层争论，而争论的焦点，竟是在今天看来几乎属于鸡毛蒜皮的细节——要不要在新的天文年历中注出日干支和朔、望、上下弦等月相！

首先，今天难以想象的是，那时编算天文年历的工作是国民党中央党部直接过问的，许多会议都有中央党部的代表参加。而那些天文学家虽然大都是从西方学成归来，受的都是现代科学训练，可是他们在年历问题上却比如今的官员更为“政治挂帅”！例如，在新编算的天文年历中，每页的下面都印着“总理遗嘱”，天文学家们说这是为了“以期穷陬僻壤，尽沐党化”。后来根据国民党宣传部的意见，又决定改为在年历中刊印“训政时期七项运动纲要”“国民政府组织大纲”“省县政府组织法”等材料，几乎将天文年历编成了一本政治学习手册。

在要不要注出日干支和月相的问题上，“党部”的意见是“朔望弦为废历遗留之名词，若继续沿用，则一般囿守旧习之愚民，势依此推算废历，同时作宣传反对厉行国历之口实”，所以要求在年历中废除。但是一部分天文学家认为，月相是各国年历中都刊载的内容，应该注出，他们反驳说：“想中央厉行国历，原为实现总理崇尚大同之至意，自不应使中国历书在世界上独为无朔望可查之畸形历书。”而教育部官员原先主张在年历中废除日干支，不料“本部长官颇不以为然”，认为干支纪日“与考据有益，与迷信无关，多备一格，有利无弊”。各种意见争论不休，最终似乎是天文学家的意见稍占上风。

当时清朝的“皇历”早已废弃，但是由于民国政府未能按年编印新历，民间仍有沿用旧时历法或根据旧法自行编算者，这些旧历都被天文学家们称为“废历”，认为应坚决扫除。但是天文研究所的天文年历编算工作，时断时续，从 1930 年至 1941 年只编了七年，此后又告中断，直到 1948 年才又恢复。1948 年的年历已经相当完备，却没有费用付印，后来靠空军总部、海军总部和交通部分担费用，才得以印刷。1949 年的年历已经编好，竟要依靠七个中央衙门分担费用才得付印，但是印到一半，蒋家王朝覆灭，印刷厂倒闭，这年的年历最终也未能出版。

从 1950 年起，中国的天文年历才最终走上正轨，由紫金山天文台每年编算出版。从 1969 年起正式出版《中国天文年历》及其测绘专用版，此外还有《航海天文年历》和《航空天文年历》。1977 年起又由紫金山天文台与北京天文馆合作编印《天文普及年历》，专供普及天文知识及指导业余爱好者观测之用。

至此中国天文年历上基本完成了与国际接轨。

日食的意义：从“杀无赦”到《祈晴文》

日食这种相当罕见的天象，在现代人看来，只是一种自然现象，当然也有一些科学意义，较大的如，相传1919年爱丁顿爵士率队进行的日食观测验证了爱因斯坦关于引力导致光线弯曲的预言——现在我们知道，那次验证在相当程度上是不合格的，真正合格的验证要到20世纪70年代中期才最终完成。

如今日食更多时候被当作一种“科普活动”的节日，常年被媒体冷落在一边的天文学家，在日食的前后几天，会有难得的机会在媒体上露露面，谈谈日食的科学意义。

说句开玩笑的话，要是唐代有电视节目，那被请到电视上露面谈日食意义的，就会是僧一行之类的人物了。但是他们肯定主要是谈日食的“文化意义”——因为在中国古代，日食这一天象，被附上了太多的政治和文化。

古代皇家天学家的重要职责之一，就是预报日食。此事非同小可，如果失职，就有被杀头的危险！最著名的记载见于《尚书·胤征》：

> 惟时羲和，颠覆厥德，沈乱于酒……乃季秋月朔，辰弗集于房。瞽奏鼓、啬夫驰、庶人走，羲和尸厥官，罔闻知，昏迷于天象，以干先王之诛。政典曰：“先时者杀无赦，不及时者杀无赦。”

此即著名的“书经日食”。羲和（相传为帝尧所任命的皇家天学官员）因沉湎于酒，未能对一次日食作出预报，结果引起了混乱。这一失职行为给他带来了杀身之祸。注意这里“先时者杀无赦，不及时者杀无赦”（预报日食发生之时太早或太迟就要“杀无赦”）之语，若古时真有这样的“政典”，未免十分可怕。从后代有关史实来看，这两句话大致是言过其实的。

要是觉得“书经日食”毕竟属于传说时代，尚难信据，那还可举较后的史事为例，比如《汉书》卷四“文帝纪”所载汉文帝《日食求言诏》：

> 朕闻之，天生民，为之置君以养治之。人主不德，布政不均，则天示之灾以戒不治。乃十一月晦，日有食之，适见于天，灾孰大焉！朕获保宗庙，以微眇之身托于士民君王之上，天下治乱，在予一人……朕下不能治育群生，上以累三光之明，其不德大矣。令至，其悉思朕之过失，及知见之所不及，匄以启告朕。

汉文帝相信日食是上天对他政治还不够清明所呈示的警告，因此下诏，请天下臣民对自己进行批评，指出缺点过失——类似于现代的"开门整风"。

将日食视为上天示警，这一观念在古代中国深入人心。所谓示警，意指呈示凶兆，如不及时采取补救措施，则种种灾祸将随后发生，作为上天对人间政治黑暗的惩罚。以下姑引述经典星占文献中有关材料若干则为例：

> （日食）又为臣下蔽上之象，人君当慎防权臣内戚在左右擅威者。（《乙巳占》卷一"日蚀占"）

> 无道之国，日月过之而薄蚀，兵之所攻，国家坏亡，必有丧祸。（《乙巳占》卷一"日蚀占"）

> 人主自恣，不循古，逆天暴物，祸起，则日蚀。（《开元占经》卷九引《春秋运斗枢》）

《史记》卷二七"天官书"所言最能说明问题：

> 日变修德……太上修德，其次修政，其次修救，其次修禳，正下无之。

"修德"是最高境界，较为抽象；且不是朝夕之功，等到上天示警之后再去“修”就嫌迟了，“其次修政”就比较切实可行一些，汉文帝因日食而下诏求直言，可以归入此类。再其次的“修救”与“修禳”，则有完全切实可行的规则可循，故每逢日食，古人必进行“禳救”：在天子，有“撤膳”、“撤乐”、“素服”、“斋戒”等举动；在臣民，则更有极为隆重的仪式。《尚书·胤征》中羲和未能及时预报日食之所以会引起混乱，就是因为本来应该事先准备的盛大“禳救”巫术仪式来不及举行了。

不过，到了后世，如果日食预报失败，也有“转祸为福”之法，例如《新唐书》卷二七“历志三·下”记载：

> (开元) 十三年十二月庚戌朔，于历当蚀太半，时东封泰山，还次梁、宋间，皇帝撤饍，不举乐，不盖，素服，日亦不蚀。时群臣与八荒君长之来助祭者，降物以需，不可胜数，皆奉寿称庆，肃然神服。

东封泰山，即所谓“封禅”，被认为是极大功德，历史上只有少数帝王获得进行此事的资格。归途中预报的日食届时没有发生，被解释为皇帝“德之动天”，所以群臣称庆。但毕竟不可否认，这次日食预报是错误的，对此如何解释？

唐代僧一行——中国历史上最重要的几个天学家之一——有著名的《大衍历议》，其中讨论当食不食问题，对于上引玄宗封禅归途中这次当食不食，他的解释是：“虽算术乖舛，不宜如此，然后知德之动天，不俟终日矣。”他表示相信，在上古的太平盛世，各种“天变”可能都不存在（这是古代天学家普遍的信念）：“然则古之太平，日不蚀，星不孛（不出现彗星），盖有之矣。”在他看来，历法无论怎样精密，也不可能使日食预报绝对准确，因为：

> 使日蚀皆不可以常数求，则无以稽历数之疏密；若皆可以常数求，则无以知政教之休咎。

这是说，如果日食完全没有规律，那历法的准确性就无从谈起；但如果每次日食都有规律可循，那就无法得知上天对人间政治优劣所表示的态度了。我们甚至还可以猜测：这次错误的日食预报本来就是故意作出的——目的就是向群臣显示皇帝“德之动天”。

即使到了20世纪，“科学昌明”的年代，关于日食也还能找出相当“文化”的八卦来。例如，1936年的日食，各国派出观测队前往日本北海道北见国枝幸郡海滨的一个小村庄枝幸村进行观测，当地的小学“枝幸寻常高等小学校”为日食观测时能有晴天而贴出了一篇《祈晴文》。其中谈到日食在科学上的重要性，以及此次观测机会之“千岁一遇”，因此祈求上天降恩放晴。天文观测本是科学，求雨祈晴则是迷信，但在这个具体事件上，两者竟可以直接结合起来——以迷信形式，表科学热情，真是相当奇妙的事情。

再谈日食：科学意义之建构与消解

现代的媒体和受媒体左右的广大公众，通常总是将天文学冷落在一边，只有在日食、彗星之类异常天象出现时，天文学和天文学家才有机会来到媒体和公众的短暂注视中。

2009 年 7 月 22 日，出现了数百年一遇的日全食，全食带经过大量人口稠密的大都市。上海、杭州等处的风景点，日食发生之前好些日子就已经盛况空前，遍布各种临时营地，各国旅游者和天文爱好者铆足了劲，要在中国过一把瘾，出一把风头。东方卫视、山西卫视、上海电视台则联合中国科学院上海天文台和新浪网，派出多路记者，从印度到日本，横贯亚洲大陆，现场报道这场日全食的全过程。在这样的背景下，重新回顾日食意义的历史演变，倒也饶有趣味。

关于《尚书·胤征》中“羲和尸厥官，罔闻知，昏迷于天象，以干先王之诛”的那段历史记载，有西方学者解读为：中国古代的天文学家羲和，因为酗酒，未能及时预报一次日食，就受到了死刑的惩罚，从此以后中国的天文学史再也不敢玩忽职守了——所以中国人留下了如此丰富的天象记载。这段有点“戏说”色彩的解读，大体还是正确的，尽管玩忽职守的天文学家在中国也不是那么难以想象的。

上述《尚书·胤征》中的记载涉及日食最早的意义——上天的警告。日食之所以需要预报，最直接的原因就是因为需要在日食发生时进行盛大的“禳救”仪式，而这种巫术仪式是需要事先准备的。

但是中国古代天学家还赋予日食一种现代话语中的“科学”意义——用日食来检验历法的准确程度。

对中国古代历法许多人常有误解。可能是因为最初在翻译西文 calendar 一词时，随手用了中文里一个现成词汇“历法”，造成了这样的后果。其实能够和该词正确对应的现成中文词汇，应该是“历谱”。由于现在我们已经习惯了将“历法”对应于 calendar——即俗语所谓的“月份牌”，就渐渐忘记了在中文词汇中“历法”这个词的本意。

其实中国古代的历法，与西文的正确对应应该是 mathematical astronomy，即“数理天文学”。因为中国古代的历法，完全是为了用数学方式描述太阳、月亮、五大行星这七个天体（即所谓“七政”）的运行规律。至于排出一份历谱（“月份牌”），那只是历法中附带的小菜一碟。因此历法可以说是中国古代天学中真正“科学”的东西——尽管这科学工具是为“通天”巫术服务的，就像今天某些算命者手中的电脑。

由于在中国传统历法中，采用若干基本周期持续叠加的数值模型来描述七政运行，从历元（起算点）开始，越往后的年份叠加次数越多。而任何周期都是有误差的，随着叠加次数的增加，误差就会积累，这就是中国古代为何不断进行“改历”（制作新历法，改用新历法）的原因。

在上述七个天体中，太阳的运动最简单故最容易掌握，月亮的运动最复杂故最难以掌握，而日食是因为月亮的影子遮住太阳造成的，这就要求同时对太阳和月亮两个天体的运动都精确掌握，才可能正确预报一次日食。于是古人很自然地将日食视为检验历法准确程度的标尺。如果我们将“检验历法”视为日食的科学意义，那么这个科学意义在中国至少已经有两千年历史了。

在西方现代科学中，日食同样具有上述检验功能——看对太阳和月亮运动的描述是否精确。在现代天文学中，这种描述是以天体力学为基础的。不过因为这种描述在现代天文学中早已不是问题，所以已经没有人关注这一点了。

当天体物理学成为现代天文学的主流之后，日食有了一个新的科学意义——在日食时观测日冕。因为日冕平时是观测不到的。不幸的是，1931 年法国人发明了“日冕仪”，可以在任何时候造成“人造日食”来观测日冕，于是日食的这个科学意义又被消解。

日食有史以来最重大的科学意义，“呈现”于

1919 年。

1912 年，爱因斯坦发现空间是弯曲的，光线经过太阳边缘时会发生偏折，1915 年他计算出，日食时太阳边缘的星光偏折值是 1.74 角秒（在此之前，有人将光微粒视为有质量的粒子，也能够计算出 0.87 角秒的偏折值）。

适逢其会，1919 年 5 月 29 日将有日全食发生，人们当然指望在这次日食时一举将爱因斯坦的预言验证出个真假来——爱因斯坦本人则早已确信他的理论肯定是正确的。英国组织了两支日食观测队，一支前往巴西北部的索布拉尔（Sobral），另一支就是著名的爱丁顿爵士（Arthur Stanley Eddington）参加的，前往非洲几内亚海湾的普林西比岛（Principe）。日食后过了几个月，观测结果归算出来了：分别是 1.98″ ±0.12″ 和 1.61″ ±0.30″，后面这个数值是爱丁顿那一队的结果。于是宣布：已经成功验证了爱因斯坦的预言。这个说法此后一直在公众中流行。

爱丁顿那时已有崇高的学术地位，他是剑桥大学天文学和实验物理学终身教授、剑桥大学天文台台长、英国皇家学会会员。这些辉煌的科学头衔，加上他被视为“第一个用英语宣讲相对论的科学家”，使得媒体和公众都对他前往普林西比岛观测日食验证广义相对论一事，充满了期待和信任。相传他获得盛誉之后，有媒体问他全世界是否只有三个人真正懂得相对论？他居然反问道："那第三个人是谁？"

然而后来的研究表明，这曲"验证广义相对论"的凯歌，很大程度上是爱丁顿和媒体共同"社会建构"起来的。

日食时太阳边缘的星光偏折，当时是依靠照相来体现的，但影响照相底片成像的因素很多，比如温度变化等。1919 年日食观测的照相底片，其实并不能归算出足以精确验证爱因斯坦预言的光线篇折值。

此后在 1922、1929、1936、1947 和 1952 年发生日食时，各国天文学家都组织了检验光线偏折的观测，公布的结果都与爱因斯坦的预言互有出入。直到 1973 年 6 月 30 日的日全食，美国人在毛里塔尼亚的欣盖提沙漠绿洲中，得到了 1.66″ ±0.18″ 的偏折值。1974—1975 年间，天文学家用甚长基线干涉仪，在可见光波段之外，精密观测了太阳对三个射电源辐射造成的偏折，得到 1.761″ ±0.016″ 的偏折值。这才终于以误差小于 1%的精度证实了爱因斯坦的预言。

可以这么说，到 1975 年之后，日食的科学意义已经消解殆尽。如今日食倒是被赋予了新的意义——它现在是媒体和公众的"科普嘉年华"。

辑三

《黄帝内经》：中医究竟是什么？

《黄帝内经》一向被视为现存中医文献中的第一号经典，被认为是中医最基础的理论体系，它的地位几如百川之源，至高无上。

《黄帝内经》是上古至秦汉之际中华医学经验和成就的总结汇编，是一部集大成之作。它的出现，标志着中华医学理论体系基本框架的形成。此后中华医学就在它的基础上发展，历代医家在理论和实践方面的创新建树，绝大多数与《黄帝内经》有着密切的渊源。

现存《黄帝内经》的文本，包括《素问》和《灵枢》两部分，各分为9卷，两个部分各81篇。在形式上非常规整。学术界通常认为，此书现今的文本非一人一时一地之作，其中的主要部分大致形成于战国至汉代。

道家对《黄帝内经》的形成可能有过很大影响。本书现今文本中所言理论颇合老庄学说。托名“黄帝”这一点也反映了类似的信息。

《素问》部分的主要内容，是以阴阳五行理论讨论人体的生理和病理；而《灵枢》部分多论述经脉腧穴证治。

《黄帝内经》认为，人体本身是一整体，同时这个整体又与自然环境密切相关。它将阴阳的对立平衡视为天地间万物生长演变发展的普遍规律，阴阳平衡则人体处于正常情况，疾病则是这种平衡被破坏的结果。

在上述基本观念的基础上，《黄帝内经》构建了“四时五脏阴阳”理论体系。这一体系又分为两个层次：

其一为人体的五脏体系，有如下对应：

肝脏系统：肝→胆→筋→目→爪

心脏系统：心→小肠→血脉→舌→面

脾脏系统：脾→胃→肉→口→唇

肺脏系统：肺→大肠→皮→鼻→毛

肾脏系统：肾→膀胱→骨髓→耳→发

这五个系统之间又是相互沟通和相互影响的，这些沟通和影响则可以用五行学说中的相生相克来说明。

其二为外界气候与人体五脏相互影响的系统，有如下对应：

五时：春→夏→长夏→秋→冬

五气：风→暑→湿→燥→寒

五位：东→南→中→西→北

五气又各有阴、阳属性，气候变化，阴、阳二气升降消长，其说颇繁。将人体状况与四时及气候变化联系起来，是和中国古代源远流长的“天人感应”观念相一致的。

《黄帝内经》理论系统的主要内容（或特征），可概括为九大类，略述如次：

其一曰阴阳五行，上述那些对应就是这种学说的具体应用。阴阳五行学说对于《黄帝内经》来说，既是理论基础，又是表达系统。

其二曰藏象，论述人体各个脏器组织的运行、代谢等活动规律，以及这些活动与外界环境之间的相互关系。

其三曰经络，研究人体经络系统之组成、功能、病理变化及与腑脏之关系。

其四曰病因，《黄帝内经》认为，外在气候反常，内在情志刺激，皆致病之源。气候反常谓之“六淫”，情志刺激谓之“七情”。这些因素同样要分阴阳，如风雨寒暑邪从外入，属阳；起居失节病由内生，属阴。抗病之力（类似今天所言之免疫功能）谓之“正气”，致病之因谓之“邪气”，等等。故疾病表现虽千变万化，其因不外正邪消长，阴阳平衡等数端而已。

其五曰病证，讨论各种疾病的病机及治疗，病证多达一百八十余种。

其六曰诊法，即后世中医之“望、闻、问、切”。

其七曰论治，讨论各种治疗手段，针药而外，旁及按摩、导引，甚至涉及精神疗法。还包括了同病异治等与现代科学格格不入的概念。

其八曰养生，论祛病防病益寿延年之法，善饮食，慎起居，适寒温，和喜怒，注重精神情志之调节。

其九曰运气，以五行、六气、三阴三阳等为理论基础，演绎推测气候变化规律与疾病流行情况。

中华传统医学虽然几千年来一直卓有成效地呵护着中华民族的健康，但是从鸦片战争之后，西医挟欧风美雨之狂暴，君临华夏大地，将中医打得节节败退。国民党统治时期，“取消中医论”一度甚嚣尘上。新中国建立以来，政府一直对中医采取保护和扶持态度，这一态度迄今为止并无改变。但是这并不能阻止从理论上对中医的攻击，“取消中医论”居然重新出现，而某著名院士“中医是伪科学”的论断，更让广大中医界人士痛心疾首。

中医面对这一攻击，能够作出的辩护，往往只是非常软弱无力地辩称“我也是科学”。

其实，我们可以指出：如果中医不是科学，那西医也不是；如果西医是科学，那中医就也是。

在西方现在的学科分类体系中，经常是科学、数学、医学三者并列，医学并不属于“科学”的范畴。因为在这种分类中，“科学”是指天文学、物理学等“精密科学”，而人类对人体奥秘所知仍非常之少，故医学远远没有达到“精密科学”的地步。事实上，至迟到 17 世纪，西医仍然停留在与星占学、炼金术紧紧纠缠在一起的巫术阶段，那时西医中“天人感应”的信念与《黄帝内经》如出一辙。

但是在中国，似乎人人——包括中医界的人士——都承认西医是科学，这是由于当初西医就是在强大的唯科学主义语境下输入中国的，所以这个在西方至今也没有被视为科学的西医，到了中国却天经地义地成了科学。

那么如果使用宽泛一点的“科学”定义呢？在那样的定义中，就可以将西医包括进去。但是，如果使用了宽泛的“科学”定义，那应该宽到何处呢？只要适度加宽“科学”的定义（比如“对自然界的有系统的知识”），马上就能将中医也包括进去，又怎么能再说“中医不是科学”呢？

其次，在这个问题上，许多人至今仍然习惯于一种一元价值观，即“是科学则存，非科学则亡”。与此相对应的是两个极其简单幼稚的观念：一、不是科学就是伪科学；二、对伪科学就要斩尽杀绝。所以当听到某院士宣称“中医是伪科学”时，许多中医界人士始则如丧考妣，继而义愤填膺。其实，这两个观念都是明显违背常识的，常识告诉我们：一、不是科学的东西未必就是伪科学；二、对伪科学也没有必要斩尽杀绝。只是在中国，这两个常识长期被唯科学主义的话语所遮蔽。在这两个常识的基础上，本来就不应存在“是科学则存，非科学则亡”这样险恶的局面，中医本来也不必“死乞白赖”地宣称“我也是科学”。

其实，说中医不是科学，或说中医是科学，或说中医是技术，或说中医是哲学，中医都可以无所谓。今天，中医完全应该理直气壮地说：我算不算科学我无所谓，我就是我，我就是中医。

那部传说中的千年秘籍《医心方》

从几个方面来看，《医心方》都不愧为“千年秘籍”。

此书由日本人丹波康赖编撰，据书前之序，成书的年份为中国北宋的太平兴国七年（984年，李约瑟在《中国科学技术史》中曾说此书成于982年，不知何据），这年本来是日本圆融天皇的“永观”二年，不过这一年这位天皇将皇位让给了花山天皇，自己退位为“上皇”了。编成《医心方》在当时也算日本文化界的一件大事，但此书长期深藏，不为世人所知，直到将近九个世纪之后的1854年，方才刊印行世。

1982年春，我进入北京的中国科学院自然科学史研究所念研究生。当时自然科学史研究所的图书馆，已经是国内最好的科学史专业图书馆，就科学史的专业图书而言，虽北京图书馆（今国家图书馆）亦不能及，而且馆藏视野十分广阔，五花八门的奇书往往有之，但偏偏这本《医心方》却没有收藏。

《医心方》是一本“传说中的”奇书——主要是因为其中有大量中国古代房中术的文献。这类历史文献当时很难看到。叶德辉的《双梅景闇丛书》里面有几种这类文献，但此书科学史所图书馆也没有。当时有同学从中国科学院图书馆将《双梅景闇丛书》借了回来，不料当我据此写成的“中国十世纪前的性科学初探”一文发表后，听说此书就被锁入馆长办公室的柜子里，禁止外借了。

我第一次接触到《医心方》，已经是1988年了。当时中国科学技术大学专门为我开了一份介绍信，给安徽中医学院图书馆，请他们接待我查阅该馆所藏的《医心方》——藏有人民卫生出版社1955年的缩印影印本，和该缩印本所依据的日本安政元年（1854）医学馆影刻本。不过按照当时的“规定”，此书只准当场查阅，不准复印，为此我又和图书馆的管理员缠磨了许久，最后终于劝说得她心软了，这才得获准复印了其中的一部分——我复印了房中术文献集中的卷二十八全文以及另几卷中的相关内容。

回上海后我将复印的“《医心方》选本”装订成册，当然也研读过多次。现在翻开这册二十多年前的复印本，但见写满了密密麻麻的批注和自编的索引，真是古人所谓“丹黄满纸”了——我还真的用了红笔和黄笔。

有关性的知识，本来在中国古代医书中常有收载，唐代尤甚。比如孙思邈的《备急千金要方》卷二十七、甄权《古今录验》卷二十五、王焘《外台秘要》卷十七等，都有若干记载。不过作者们通常总是把性知识作为很小的一节，并且往往在书靠近末尾部份才出现。历代官修史书中的《艺文志》《经籍志》等史志书目，房中术著作也多半著录在“子部 · 医方类”的接近末尾处。

今天我们能在其中找到最系统的房中术材料的医书，当推《医心方》。那时日本人学习中国文化不遗余力，大量中国作品，包括文集、诗集、佛经等，被日本来华的官员、学者、商人、僧侣等收集带回日本，其中自然会包括中国历代的医学书籍。丹波康赖正是在这些医书的基础上，编成《医心方》的。他当时的身份是“从五位下行针博士”，应该属于有一定地位的技术官吏。

《医心方》收录了《素女经》《玉房秘诀》《洞玄子》等房中术专著中的大量内容，按不同方面的问题分类编排，并在每一段之首载明出于何书。这些内容主要集中在《医心方》卷二十八，此外在卷十三、卷二十一、卷二十四、卷二十六、卷二十七中也有一些。多亏了《医心方》，中国十世纪以前的房中术理论才得以保存其主要内容直至今日。按照叶德辉在《双梅景闇丛书》第一种《新刊素女经》序中的意见，“大抵汉、隋两志中故书旧文十得八九”。说“十得八九”虽未必确，但《医心方》作为今天研究中国 10 世纪以前的房中术的主要材料来源之一则无可疑。

《医心方》的珍贵之处，至少有两点特别值得注意：一是当年丹波康赖所引用的不少中国古籍，现在已经失传了，所以《医心方》成为保存它们内容的早期文献，甚至是唯一文献。二是此书是中国传统技术在历史上向周边地区辐射的“重量级证据”之一，所以得到了中日学术界的高度重视和关注——在日本甚至有一个“《医心方》一千年纪念会”，出版了《〈医心方〉一千年纪念志》(1986) 等书。

《医心方》作为中国传统性学早期文献重要来源的特殊地位，直到 1973 年才有所削弱，这年在长沙马王堆汉墓出土文物中有五种性学帛简书，后被定名为《养生方》、《杂疗方》、《十问》、《合阴阳》和《天下至道谈》，其年代比古罗马奥维德的《爱的艺术》和古代印度筏磋衍那的《爱经》都要早。其写定年代下限，可以确定为汉文帝十二年（前 168）；年代上限，则可以上推至西汉初年，或秦汉之际。而且这只是这些文献写定的年代，因文献中的理论已经相当成熟，它们当然可能来自更早的年代。从内容上看，此五种性学文献毫无疑问就是《医心方》中房中术理论的源头。至此《医心方》在中国性史上的地位退为中继站——当然其地位仍是无可替代的。

中国房中术源远流长，据现已掌握的史料言之，自先秦直至今日，两千余年间一脉相传。从马王堆汉墓帛简书中的五种文献，经过六朝隋唐时期由《医心方》集其大成，下及明代《既济真经》、《修真演义》、《素女妙论》等晚期作品，其最基本的原则、技巧和诉求始终不变。房中术可以说是中国文化中最稳定的重要传统成分之一。

中国炼丹术：永生、黄金和性爱

中国炼丹术概要

中国炼丹术，起源于古人对永生的追求，以及认为“永生确实是可能的”这种信念。炼丹家相信，人的肉体可以借助于某些神奇药物而获永生。“丹”原来指丹砂（硫化汞），后来被用来泛指能使人长生不老或“点石成金”的丹药，甚至被用来指称与性爱有关的神秘气功修炼（内丹）。

一些学者相信，中国炼丹活动滥觞于公元前3世纪，至东汉炼丹风气深入民间。东汉魏伯阳《周易参同契》被认为是现存世界上最早的炼丹术理论著作。晋代炼丹家葛洪著《抱朴子》，其《内篇》20篇，专论神仙、炼丹、符箓等事，在现有的相关文献中，堪称集汉晋以来炼丹术之大成。晋代炼丹家陶弘景著有《真诰》。唐代名医、炼丹家、房中术家孙思邈有《丹房诀要》，也都是中国炼丹术历史上的重要著作。

葛洪对炼丹术作了详细记载和总结，他将炼丹术分为三个部分：其一为“仙道之极”，即炼制“万应灵丹”。其二为能够“令人身安命延”、“养性”和“除病”的长生药，原料包括矿物、动物和植物，以及它们的采集和加工制作。其三为“黄白之术”，即能够将铜、铁等普通金属“点化”为黄金和白银——实际上是使用化学方法制成各种与金、银外貌相似的合金。这些合金后来通常被称为“药金”、“药银”。

中国古代炼丹术的主要目的，简而言之，不过两端而已：一为炼长生不老药，二为炼点石成金药。当然，这两个目的实际上都是达不到的。

炼丹术通常被说成是“近代化学的先驱”，这个说法放在西方大致是正确的，但炼丹术在中国则并未孕育出近代化学。

炼丹术与永生

长生术、“不死药”之类的炼丹术早期形态，在先秦时代已经出现。《韩非子 · 说林上》有“献不死之药于荆王”的故事：

> 有献不死之药于荆王者，谒者操以入。中射之士问曰：“可食乎？”曰：“可。”因夺而食之。王大怒，使人杀中射之士。中射之士使人说王曰：“臣问谒者，谒者曰‘可食’，臣故食之。是臣无罪而罪在谒者也。且客献不死之药，臣食之而王杀臣，

是死药也。是客欺王也。夫杀无罪之臣，而明人之欺王也，不如释臣。”王乃不杀。

故事中向君王进献的“不死之药”，正是后来许多炼丹家梦寐以求的所谓“神丹”。自秦皇汉武以下，一代一代的帝王在寻求长生不老的道路上迷途不返。

中国炼丹术原料以“五金”“八石”“三黄”为主，炼成之“丹”多为砷、汞及铅的制剂，实际上服之往往会慢性中毒甚至死亡。但是这个现代的结论在古代并未成为人们的共识，所以炼丹服食者代不乏人。

谈到关于服食丹药的早期记载，通常都要提到魏晋时期著名的“五石散”。三国时何晏服用“五石散”，据说是可以强身健体，于是渐成风潮。“五石散”中主要成分为砷制剂，服后浑身发热，甚至不得不将身体泡在冷水中。后来炼丹家又炼出升华的砒霜（三氧化二砷），“药效”更高，服食更易。结果是“服石求神仙，多为药所误”。

唐代为炼丹术全盛时期，历代皇帝几乎都热衷于炼丹，据统计，慢性中毒的不算，唐代服食丹药而致死的帝王，至少有唐太宗、唐宪宗、唐穆宗、唐敬宗、唐武宗和唐宣宗六位。上有所好，下必甚焉，王公贵族、名士文人也都纷纷炼丹服药。白居易晚年有诗曰：“退之服硫黄，一病讫不痊；微之炼秋石，未老身溘然；杜子得丹诀，终日断腥膻；崔君夸药力，经冬不衣棉；或疾或暴夭，悉不过中年。”所言依次为韩愈、元稹、杜牧、崔元亮诸人，皆著名文士。当然也有例外，如唐代孙思邈，既是名医，也是著名方士，而且是服食丹药的鼓吹者，他倒是活了一百零一岁，没有“或疾或暴夭”的遭遇。

此后以永生为目的的炼丹术，一直流传不绝。清代雍正帝经常服食一种“既济丹”，他认为服后有效，还赐给鄂尔泰、田文镜等宠臣。在田文镜奏折上有雍正朱批道：“此丹修合精工，奏效殊异，放胆服之，莫稍怀疑，乃有益无损良药也。朕知之最确。”他甚至让人在圆明园宫中炼丹。不少人相信雍正最后就是服食丹药中毒而死的。有点类似《红楼梦》中写到的贾敬，天天到城外和一帮道士“烧丹炼汞”，最后服食丹药而死。

炼丹术与炼金术

如果将中国炼丹术视为一个体系的话，则炼金术可以说是这个体系的一个部分。因为炼金术的目的是将铜、铁等“贱金属”化成金、银等贵金属，故得名“黄（金）白（银）之术”。

炼金术与寻求长生不老的目的之间也有着某些联系，故又名“金丹术”。因为金、玉皆不朽之物，故若能自金、玉中提取精华以服食之，即所谓“服金者寿如金，服玉者寿如玉”。因此炼丹家幻想能够炼出一种神秘物质，谓之“金液”，此物人服之可以长生不老，而与普通物质配合则可以点石成金。

中国的阴阳五行学说中有“相生相克”之说，因各种金属矿物皆出于土中，而五行“相生相克”之说谓“土生金”，于是就有一种设想，认为矿物在土中会随时间而变，例如认为雌黄千年而化为雄黄，雄黄千年而化为黄金；朱砂二百年而变为青，再三百年而变为铅，再二百年而变为银，再二百年乃化成金；等等。

中国炼金术家的想法是：要设法加速上述这种变化（今天我们当然知道事实上不存在这样的变化），即所谓“夺天地造化之功”——在炉鼎中“千年之气，一日而足，山泽之宝，七日而成”。办法是在鼎中加入各种药物，封闭烧炼，相信这样即可炼出金、银。

中国的炼金术家当然没有真正找到能够点石成金的“金液”——也就是西方的所谓“哲人石”，但是他们倒确实在冶炼合金方面取得了很大成绩，他们搞出了黄色的合金和白色的合金，其中就有黄铜（锌铜合金）、白铜（镍铜合金）、砷白铜（砷铜合金）、白锡银（砷锡合金）等，当然，还有各种汞合金。

炼丹术带来的副产品

炼丹术涉及的矿物、植物有：金、银、铜、铅、锡、汞、石灰、矾石、芒硝、石炭、石棉、砒霜、朱砂、雄黄、雌黄、云母、曾青、硫黄、戎盐、硝石。

炼丹术所使用的技术有炼（加热）、锻（高温加热）、养（低温加热）、炙（局部加热）、抽（蒸馏）、飞升（升华）、淋（过滤）、浇（冷却）、煮（加水加热）等。

炼丹家发现了许多化学反应，最主要的是铅、汞、硫、砷等之间的反应。他们还在炼丹实践中研发了各种炼丹仪器，如加热器、蒸馏瓶、坩埚等。以及一些提炼药品的方法和实验操作技术，如提纯、蒸发、过滤、蒸馏等。

魏伯阳在《周易参同契》中记载了铅、汞、硫等物质的化合和分解知识。但书中大量使用隐语，例如“河上姹女，灵而最神，得火则飞，不见埃尘，鬼隐龙匿，莫知所存，将欲制之，黄芽为根”，其实就是说水银（河上姹女）加热会蒸发不见，欲固定水银，就要加入黄芽（硫黄）。这样加热后就生成红色的硫化汞。据说水银就有姹女、玄水、陵阳子明，赤帝流珠、长生子、赤血将军等五十余种别称，而硫黄别称也有石亭脂、黄芽、黄英、将军、阳侯、太阳粉、山不住、法黄、黄烛等三十余种。这些隐语是为了技术上的保密，若无师傅指点，外人虽反复研读其书也将不得其门而入。但这同时也必然妨碍了知识的传播和承传，对这门学问的发展有害无益。

唐朝末年出现的火药，也是炼丹术实践中的产物。

比较通行的说法是：因为炼丹家在炼丹实践中经常用到硫黄、硝石和含炭的皂角等物，丹房失火的事故是发明火药的契机。唐代炼丹家已认识到硫黄、硝石和炭混合在一起时，遇火会引起燃烧或爆炸。这三种药物的混合物就是初始的黑火药。如果采用现代科学的标准，来评价中国炼丹术对科学的贡献，那黑火药无疑是最重要的一项了。

从“外丹”到“内丹”

中国炼丹术中又有所谓“内丹”，经常被说成极其神奇的秘术，认为它可以使人达到长生不老的神仙境界。甚至某些受过严格科学训练的现代学者，竟然也对“内丹”之说表示某种程度的相信。例如李约瑟曾写道：“中国炼丹术最重要的内丹部分和性技巧密切相关，就像我们所相信的，它能使人延年益寿，甚至长生不老。”（见李约瑟为张仲澜《阴阳之道——古代中国人寻求激情的方式》一书所写的序）

那么“内丹”究竟是什么呢？

这又要先从道教与房中术的渊源说起。房中术与道教有着特殊关系。道教创始之初，房中术就是天师道的重要修行方术之一。房中术理论中有所谓“男女双修”之术，认为男女在交合过程中进行修炼，可以使男方或女方乃至男女双方都延年益寿。这种理论是房中术与内丹的直接通道。

道教之研究内丹，在残唐五代已渐成风气。入宋后，南北二宗相继兴起，内丹成为道教最主要的修炼方术。内丹家最重要的经典，是东汉魏伯阳的《周易参同契》和北宋张伯端的《悟真篇》。《参同契》兼及内、外丹，后世内丹家的许多基本话头都已出现在其中。《悟真篇》则专述内丹，问世后影响极大，注家甚多。各家注中，对和房中术的关系涉及较多者为《紫阳真人悟真篇三注》。虽然内丹家总是采用闪烁其词、神秘虚玄的表述方式，给后人正确理解内丹造成很大困难，但仍可以从中看出大致的线索：

《悟真篇》云："阳里阴精质不刚，独修此物转羸尫。劳形按引皆非道，服气飡霞总是狂。"此种珍视精液的观念，显然是从房中家那里继承而来。道教有一种观念，认为女性全身属阴，惟生殖器为纯阳；男性则反是，全身属阳，惟生殖器属阴，故称精液为"阳里阴精"。这里明确表示"独修"所谓的"孤阴"——仅仅惜精和炼精——是不行的，这就向双修概念靠近了一步。

《悟真篇》云："不识阳精及主宾，知他哪个是疏亲？房中空闭尾闾穴，误杀阎浮多少人。"对此注文中说："盖真一之精乃至阳之气，号曰阳丹，而自外来制己阴汞，故为主也。二物相恋，结成金砂，自然不走，遂成还丹。"所谓至阳之气自外来云云，联系到前面所说男女阳中之阴、阴中之阳的观念，不难看出已暗示了异性之间的性行为。至此双修的概念已经逐渐明显。

内丹本是气功，双修又涉及性行为，房中术理论家的“以交接求健身长寿”、“惜精”、“交接时兼行气功”这三项主张，都被内丹双修派以特有的方式吸取了。故这种内丹实际上就是“房中”和“行气”相结合的方术。

但是到目前为止，当然还没有任何科学证据表明“内丹”可以使人长生不老。

关于双修和内丹，高罗佩在《秘戏图考》中曾提到，中国道教房中双修之术“与印度密教文献和一些似以梵文史料为基础的文献中所说明显相似”。十年后在《中国古代房内考》中，他给出一篇题为“印度和中国的房中秘术”的附录，其中提出：早在公元初就已存在的中国房中秘术，曾“理所当然”地传入印度，至7世纪在印度被吸收和采纳。他的结论是：“中国古代道教的房中秘术，曾刺激了金刚乘在印度的出现，而后来又在至少两个不同时期以印度化形式返传中土。”这两次返传，一次是密教在唐代的传入，一次则以喇嘛教的形式在元代传布于中土。两者都有男女交合双修的教义与仪轨。

故简而言之，“内丹”就是借助男女性爱双修而获得的一种人体内的神秘之物。

炼金术与化学

先前很长时间，国内的各种读物一直告诉我们，炼金术是一种“伪科学”，是古代的坏人用来骗人的玩意儿。对炼金术最大的好话，也只是说它帮助孕育了现代化学。

西方历史上的炼金术，和中国历史上的炼丹术，表面上看起来颇不相同：前者要将他物“炼”成黄金，追求点石成金；后者要“炼”的是“丹”（包括“内丹”），追求长生不老。但从内在的理论和本质来看，则两者实有相通之处。如果借用现代物理学的术语来比喻的话，可以说两者都很像是在追求实现某种“反熵过程”，试图违逆大自然的普遍规律，去实现人类古老的梦想。

从科学史的角度来看，炼金术在现代得到的待遇基本上和星占学类似，经常可以看到这样的类比：星占学孕育了天文学，炼金术则孕育了化学。这在某种程度上也可以说是对的。但是，如果我们尝试对这些孕育者作较为深入的理解，就会引发许多新的思考。

汉斯-魏尔纳·舒特，柏林理工大学教授，是一位化学家，又是化学史专家（现任德国化学学会的化学史专业研究委员会主席）。在他 60 多岁时，为炼金术写了一部长篇文化史。本书中最有价值、也是最引人入胜的论述，是舒特对炼金术和化学所作的比较，以及他对这两者之间关系的思考。

舒特认为，当我们思考这类问题时，可以有两个世界：“一个是科学的世界，一个是科学之外的世界”，前者由“客观因果关系”统治，也就是中国读者习惯的语境中的“客观物质世界”；后者则是炼金术所在的世界，“这是一个激情宣泄的世界，一个由愿望、梦想和意愿组成的世界。”

舒特并不认为炼金术是“伪科学”。因为从表面上看，“炼金实验室与化学实验室之间事实上也没有什么区别”；如果我们考察近代早期重要化学家的传记，“也无法区分化学和炼金术”。但更重要的是两者内在的共同之处，舒特说：“如果我们把科学定义为针对一个认识客体、按照一定的系统组成的知识的话，我们便不能说炼金术不是科学。由于炼金术研究的是自然，而且是通过实验，因此可以将其称为自然科学，甚至是最古老的自然科学。”

当然炼金术与化学之间也有区别，但是这种区别在舒特眼中，似乎只能使炼金术显得更为高级。他总结了两者之间的三项区别：一、炼金术有“道德内涵”而化学没有。二、炼金术的眼光是“综合的、主观的”而化学的眼光是“分析的、客观的”。三、炼金术士相信世界所有的物质之上，还有（更高级的）物质存在。因为“真正的炼金术士”，是那些“试图把物质与自我同时从平常的生存状态中解救出来的人”，他们有着某种不失为高尚的精神追求——舒特最后将这种追求归结为浪漫主义。

舒特的上述看法虽然是就西方情形而言的，但对于分析和理解中国炼丹术，也同样富有启发作用。

上古长寿之谜：西方和东方的故事

长生，是人类一个古老的梦想。这在东方和西方都不例外。我们今天仍然熟悉的某些祝词，如“永垂不朽”、“在××中永生”之类，追溯其最初的语境，应该都与一个古老的信念有关——那就是古人曾经相信，永生是可能的。西方基督教中的“耶稣复活”之类，也与永生的观念有相通之处。古代中国人比较务实，知永生之不可得，退而求其次，改为对长寿的追求。寄托着古代中国人在这方面理想的一个传说人物是彭祖，相传他活了八百余岁，成为长寿的象征。后世中国人常有取名“寿彭”者，即取义于此。

令人惊奇的是，在东西方古代文明中，有一种同样的现象，即在早期文献中，酋长或国王经常有着惊人的长寿。先看西方，比如在《旧约·创世纪》中：

闪 600 岁

11:10　闪的后代记在下面。洪水以后二年，闪一百岁生了亚法撒。

11:11　闪生亚法撒之后，又活了五百年，并且生儿养女。

亚法撒 438 岁

11:12　亚法撒活到三十五岁，生了沙拉。

11:13　亚法撒生沙拉之后，又活了四百零三年，并且生儿养女。

沙拉 433 岁

11:14　沙拉活到三十岁，生了希伯。

11:15　沙拉生希伯之后又活了四百零三年，并且生儿养女。

希伯 464 岁

11:16　希伯活到三十四岁，生了法勒。

11:17　希伯生法勒之后，又活了四百三十年，并且生儿养女。

法勒 239 岁

11:18　法勒活到三十岁，生了拉吴。

11:19　法勒生拉吴之后，又活了二百零九年，并且生儿养女。

拉吴 239 岁

11:20　拉吴活到三十二岁，生了西鹿。

11:21　拉吴生西鹿之后，又活了二百零七年，并且生儿养女。

西鹿 230 岁

11:22　西鹿活到三十岁，生了拿鹤。

11:23　西鹿生拿鹤之后，又活了二百年，并且生儿养女。

拿鹤 148 岁

11:24　拿鹤活到二十九岁，生了他拉。

11:25　拿鹤生他拉之后，又活了一百一十九年，并且生儿养女。

他拉 205 岁

11:26　他拉活到七十岁，生了亚伯兰，拿鹤，哈兰。

11:32　他拉共活了二百零五岁，就死在哈兰。

亚伯拉罕至少 100 岁

21:5　他儿子以撒生的时候，亚伯拉罕年一百岁。

别的篇章中也能找到类似例子，比如《申命纪》34:7：“摩西死的时候年一百二十岁。眼目没有昏花，精神没有衰败”。——摩西 120 岁

奇妙的是，在古代中国，也有同样的现象。先看《史记 · 五帝本纪》：

黄帝 111 岁、300 岁（？）

裴骃《集解》引皇甫谧曰：在位百年而崩，年百一十一岁。

司马贞索隐案：《大戴礼》：宰我问孔子曰：荣伊言黄帝三百年，请问黄帝何人也？抑非人也？何以至三百年乎？对曰：生而人得其利百年，死而人畏其神百年，亡而人用其教百年。则士安之说略可凭矣。

帝颛顼 98 岁

裴骃《集解》引皇甫谧曰：在位七十八年，年九

十八。

帝喾 105 岁

裴骃《集解》引皇甫谧曰：在位七十年，年百五岁。

帝尧 118、117、116 岁

裴骃《集解》引皇甫谧曰：年百一十八，在位九十八年。

裴骃《集解》引徐广曰：尧在位凡九十八年。

张守节“正义”引皇甫谧云：尧即位九十八年，通舜摄二十八年也，凡年百一十七岁。引孔安国云：尧寿百一十六岁。

帝舜 61＋39＝100 岁

舜年二十以孝闻，年三十尧举之，年五十摄行天子事，年五十八尧崩，年六十一代尧践帝位。践帝位三十九年，南巡狩，崩于苍梧之野。葬于江南九疑，是为零陵。

禹 100 岁

裴骃《集解》引皇甫谧曰：年百岁也。(夏本纪)

汤 100 岁

裴骃《集解》引皇甫谧曰：年百岁也。(殷本纪)

上述这些记载，中国古人曾据常识表示过怀疑，然而也有颇为相信古人确实长寿的，比如《黄帝内经·素问》卷一“上古天真论”，假黄帝之口，问“天师”云：“余闻上古之人，春秋皆度百岁而动作不衰；今时之人年半百而动作皆衰者，时世异耶？人将失之耶？”“天师”岐伯的答案是：上古之人生活有节制，所以长寿；今人贪图享受，寿就短了。

以今天的常识来看，这些古人古代记载至少有两个难以理解之处。一、现代考古学和医学认为，数千年前人类的平均寿命是很短的，为什么这些王或酋长们却普遍长寿，且能达到当时人类平均寿命的数倍甚至数十倍？二、现代考古学和医学认为，人类的平均寿命是逐步提高的，后世王或酋长们的物质生活条件更会得到大幅改善，为什么他们的寿命却反而明显缩短了？

对于上述这些难以理解之处，可以有多种解释。

想象力丰富的解释，至少有如下两种：

1. 古代的王或酋长们曾经掌握过一种获得长寿的方法，而这种方法后世已经失传，或因为人道、伦理等方面的原因而不再使用了。秦皇汉武痴狂地追寻长生之道，表明他们很可能相信古代曾经有过长生不老的可行之道。

2. 古代早期某些王或酋长并非地球上的人类，而是某种外星人或外星人的近亲，他们具有超人的能力，奇怪的容貌，而且远比地球人长寿。但随着他们与地球人的通婚，他们的后代逐渐失去了这些特征。

站在现有科学立场上的解释，至少也有两种：

1. 古代人平均寿命虽然很短，但仍有极少数个体有很长的寿命。开国之君，必然是体能和智力两方面都非常优秀的，才能在残酷的王权争夺战中胜出；而胜出之王或酋长既然是体能极优秀者，胜出之后又必然“以天下养”，享受极其优厚的生活待遇，自然也就容易享寿较长。

2. 古代早期王年的记载普遍有夸大的倾向，实际上这些王或酋长并未活到那么长。因为在早期文明中，功业盛大的王室祖先经常被尊为神。既为神，则对于该神在人间的年代、他统治部落或王国的年代，都很有可能被夸大；而且这种夸大不会遇到有力的质疑，因为对于神是不能以常人标准来衡量的。更何况这类早期王年通常都年代久远，准确年份本来就难以稽考。这就从根本上消解了那些记载的真实性。

我们的身体是“客观存在”吗？

医学与人类身体故事的不同版本

在现代科学的话语体系中，我们的身体或许已经被绝大多数人承认为一种“客观存在”了。这种观念主要是由现代西方医学灌输给我们的。你看，“现代医学”有解剖学、生理学，对人体的骨骼、肌肉、血管、神经等，无不解释得清清楚楚，甚至毛发的构成、精液的成分，也都已经化验得清清楚楚。虽然医学在西方并未被视为“科学”的一部分（科学、数学、医学三者经常是并列的），但西方“现代医学”在大举进入中国时，一开始就是在“科学”的旗帜下进行的，西医被营造成现代科学的一部分，并且经常利用这一点来诋毁它的竞争对手——中国传统医学。这种宣传策略总体来说是非常成功的，特别是在公众层面，尽管严肃的学术研究经常提示我们应该考虑其他图景。

关于人类身体，我们今天的大部分公众，其实都是偏听偏信的——我们已经被西医唯科学主义的言说洗脑了，以至于许多人想当然地认为，关于人类的身体、健康和医疗的故事只有一个版本，就是“现代医学”讲述的版本。他们从未想过，这个故事其实可以有很多种版本，比如还可以有中医的版本、藏医的版本、印第安人的版本，等等。

更重要的是，所有这些不同版本，还很难简单判断谁对谁错。这主要有两个原因：

一是人类迄今为止对自己的身体实际上了解得远远不够。西医已有的人体知识，用在一具尸体上那是头头是道没有什么问题的，问题是“生命是一个奇迹”（这是西方人喜欢说的一句话）——活人身上到底在发生着哪些事情，我们还知之甚少。而西医在营造自己的“科学”形象时，经常有意无意地掩盖这一点。

二是一个今天经常被公众忽略的事实——以往数千年来，中华民族的健康是依靠中医来呵护的。当西医大举进入中国时，在中医呵护下的中华民族已经有了四亿人口。仅仅这一个历史事实，就可以证明中医也是卓有成效的。由此，中医关于人类身体故事的版本，自然就有其自立于世界民族之林的资格。

身体的故事是一个罗生门

2002 年，在由我担任地方组织委员会主席的“第 10 届国际东亚科学史会议”上，日本学者栗山茂久是我们邀请的几位特邀大会报告人之一，当时他的报告颇受好评。这是一位相当西化的日本学者，他用英文写了《身体的语言——古希腊医学和中医之比较》一书。同时他又是富有文学情怀的人，所以这样一本比较古希腊医学和古代中国医学的学术著作，居然被他写得颇有点旖旎风骚光景。

在《身体的语言》正文一开头，栗山茂久花了一大段篇幅，复述了日本作家芥川龙之介一篇著名小说的故事。芥川这篇小说，因为被改编成了黑泽明导演的著名影片《罗生门》而声名远扬。大盗奸武士之妻、夺武士之命一案，扑朔迷离，四个人物的陈述个个不同。“罗生门”从此成为一个世界性的文学典故，用来表达“人人说法不同，真相不得而知”的状况。在一部比较古希腊医学和中医的著作开头，先复述“罗生门”的故事，就已经不是隐喻而是明喻了。

栗山茂久对于中医用把脉来诊断病情的技术，花费了不少笔墨，甚至还引用了一大段《红楼梦》中的有关描写。这种技术的精确程度，曾经给西方人留下了深刻印象。更重要的是，这种技术在西方人看来是难以理解的。栗山茂久也说：“这种技术从一开始就是一个谜。”之所以如此，他认为原因在于中国人和西方人看待身体的方法和描述身体的语言，都是大不相同的。

作为对上述原因的形象说明，栗山茂久引用了中国和欧洲的两幅人体图：一幅出自中国人滑寿在 1341 年的著作《十四经发挥》，一幅出自维萨里（Vesalius）

1543年的著作《人体结构七卷》(*Fabrica*)。他注意到，这两幅人体图最大的差别是，中国的图有经脉而无肌肉，欧洲的图有肌肉而无经脉。而且他发现，这两幅人体图所显示出来的差别最晚在二、三世纪就已经形成了。

确实，如果我们站在所谓“现代科学”的立场上来看中医的诊脉，它真的是难以理解的。虽然西医也承认脉搏的有无对应于生命的有无这一事实，但依靠诊脉就能够获得疾病的详细信息，这在西医对人体的理解和描述体系中都是不可能的、无法解释的。

我们从这些例子中看到，双方关于身体的陈述，是如此的难以调和。再回想栗山茂久在书中一开头复述的《罗生门》故事，其中的寓意就渐渐浮出水面了。栗山茂久的用意并不是试图“调和”双方——通常只有我们这里急功近利的思维才会热衷于“调和”，比如所谓的“中西医结合”就是这种思维的表现。栗山茂久只是利用古希腊和古代中国的材料来表明，关于人类身体的故事就是一个“罗生门”。

怀孕是另一个罗生门

很长时间以来，我们已经习惯了在科学主义话语体系中培育起来的关于身体故事只有“现代医学”唯一版本的观念，而正是这种版本的唯一性，使我们相信我们的身体是“客观存在”。如果说栗山茂久《身体的语言》可以帮助我们解构关于身体认识的版本唯一性，那么克莱尔·汉森（Clare Hanson）的著作《怀孕文化史——怀孕、医学和文化（1750—2000）》可以给我们提供另一个更为详细的个案。

怀孕作为人类身体所发生的一种现象，当然也和身体的故事密切相关。怀孕这件事情，作为身体故事的一部分，每个民族，每种文化，都会有自己的版本；而且即使在同一民族，同一文化中，这个故事在不同时期的版本也会不同。

而近一个世纪以来，中国公众受到的教育，总体上来说是这样的图景：先将中国传统文化中关于怀孕分娩的故事版本作为“迷信”或“糟粕”抛弃，然后接受“现代医学”在这个问题上所提供的版本，作为我们的“客观认识”。

应该承认，这个图景，到现在为止，基本上还不能说不是成功的。不过在中国传统文化中，怀孕分娩的故事也自有其版本，那个版本虽与“现代医学”的版本大相径庭，但在“现代医学”进入中国时中国已有四亿人口这一事实，表明那个版本在实践层面上也不能说是失败的。推而论之，世界上其他民族，其他文化，只要没有人口灭绝而且这种灭绝被证明是因为对怀孕分娩认识错误造成的，那么他们关于怀孕分娩故事的版本，就都不能说是失败的。

一个具体而且特别鲜明的例子，就是中国的产妇自古以来就有“坐月子”的习俗，而西方没有这样的习俗。不久前还有极端的科学主义人士宣称“坐月子”是一种“陋俗”，在应革除之列。因为按照“现代医学”关于人类身体的统一版本，中国女性和西方女性在生育、分娩、产后恢复等方面没有任何不同。

让我稍感奇怪的是，“现代医学”在进入中国之后，对中国传统医学中的几乎一切内容都以“科学”的名义进行否定或贬抑，惟独在“坐月子”这个习俗上，今天中国的西医也没有表示任何反对意见。如果将这个现象解释为西医“入乡随俗”，那么它同时却不可避免地损害了西医的“科学”形象——因为这等于同一个人，讲同一件事，但面对西方人和面对中国人却讲两个不同的版本，这样做就破坏了关于身体故事的版本唯一性，从而也就消解了“现代医学”话语中关于人类身体的客观性。

中国古代博物学传统发微

博物学重出江湖

现在许多人认为，博物学不过是采集、描述、分类等，只注意外部世界“如何”，而现代“精密科学”的分析、模型、实验等方法，能够解释世界“为何”如此运行，当然属于更高境界。所以博物学在西方虽然曾经是非常重要的认知传统，却沉寂已久，渐遭遗忘。然而如此简单的优劣结论，其实未必能够成立。

就以“精密科学”中历史最为悠久的天文学来说，天文学家通过持续观察天象变化来统计、收集各种天象周期，通过观测建立星表、绘制星图、对各种天体进行分类等，这些最典型的“天文学研究”不是同样充满着博物学色彩吗?

近两年博物学又逐渐出现在国内学术话语中，以博物学为主题的书籍、文章、博士论文等纷纷问世，此事北大刘华杰教授鼓吹提倡之功，不可没也。刘教授认为，博物学不仅可以作为当下唯科学主义泛滥的解毒剂，还可以上升到理论高度，提出“科学史的博物学编史纲领”，我也非常赞同。

博物学在中国传统文化中，虽无其名，实有其实，在若隐若现之间，这样一个传统其实是存在的。何况“博物学”（Natural History）一词虽属外来，但“博物”却是中国传统文化中原有的词汇，当初国人用它来译Natural History，显然也是注意到了这一点的。

但是也有一种意见，认为中国古代不存在博物学传统。之所以会出现这种看法，和对“博物学传统”的界定有直接关系。

《博物志》和中国博物学传统的表现形式

在中国儒家经典中，博物学精神有颇为充分的体现。孔子曰：“小子何莫学夫诗？诗可以兴，可以观，可以群，可以怨；迩之事父，远之事君；多识于鸟兽草木之名。”（《论语·阳货》）作为儒家基本经典的《诗经》，博物学色彩极为浓厚。

古代中国的博物学传统，当然不限于“多识于鸟兽草木之名”。体现此种传统的典型著作，首推晋代张华《博物志》。书名“博物”，其义尽显。《博物志》的内容，大致可分为如下几类：一、山川地理知识；二、奇禽异兽描述；三、古代神话材料；四、历史人物传说；五、神仙方伎故事。此五大类，完全符合中国文化中的博物学传统。兹按上述顺序，将此五大类每类各选一则，以见一斑：

《考灵耀》曰：地有四游，冬至地上，北而西三万里。夏至地下，南而东三万里。春秋二分，则其中矣。地恒动不止，譬如人在大舟中闭户而坐，舟行而人不觉也。七戎六蛮九夷八狄形类不同，总而言之，谓之四海，言皆近海。

蜥蜴或名蝘蜓，以器养之以朱砂，体尽赤，所食满七斤，治捣万杵，点女人支体，终年不灭。唯房事则灭，故号守宫。《传》云：东方朔语汉武帝，试之有验。

昔高阳氏有同产而为夫妇，帝放之此野，相抱而死。神鸟以不死草覆之，七年，男女皆活，同颈二头四手，是蒙双民。

《列传》云：聂政刺韩相，白虹为之贯日；专诸刺吴王僚，鹰击殿上。

皇甫隆遇青牛道士，姓封名君达，其与养性法，即可仿用，大略云：体欲常少劳，无过虚。食去肥浓，节酸咸。减思虑，损喜怒。除驰逐，慎房室。春夏泄泻，秋冬闭藏。详别篇。武帝行之有效。

以上五则，深合中国古代博物学传统之旨。第一则，涉及宇宙学说，且有“地动”思想，故为科学史家所重视。第二则，为中国古代长期流传的“守宫砂”传说之早期文献，相传守宫砂点在处女胳膊上，永不褪色，只有交合之后才会自动消失（其说能否得到现代科学证实是另一个问题）。第三则，古代神话传说，或可猜想为“连体人”。第四则，关于著名刺客的传说，此刺客及所刺对象，历史上皆实有其人。第五则，涉及中国古代房中养生学说。“青牛道士封君达”是中国房中术史上的传说人物之一。

有人因为《博物志》中的这些记载事涉“怪力乱神”，就不同意它的“博物学”资格。其实此类著作在中国古代相当普遍，兹稍举宋代沈括《梦溪笔谈》为例——此书被李约瑟誉为“中国科技史的坐标”，世人就以为它非常“科学”，其实书中同样有与《博物志》类似内容，只是比例较小而已。《梦溪笔谈》卷二十“神奇”中有云：

天圣中，近辅献龙卵，云得自大河中，诏遣中人送润州金山寺。是岁大水，金山庐舍为水所漂者数十间，人皆以为龙卵所致。至今椟藏，余屡见之，形类色理，都如鸡卵，大若五斗囊，举之至轻，唯空壳耳。

此类记载，在中国历代笔记作品中实属汗牛充栋，无烦多举。

中国博物学传统在当下的积极意义

如以上述六则笔记作为中国博物学传统之例，或者有人会问：这算什么传统？这不是“怪力乱神”的传统吗？我的意见是——这是一个能够容忍“怪力乱神”的博物学传统。能够容忍怪力乱神，不仅不是这一传统应被批判否定的理由，恰恰相反，这一点可以视为中国古代博物学传统的中国特色。而这样的博物学传统，在当下社会中，确实可以在某种程度上充当消解唯科学主义的解毒剂。

“当代科学”——主要是通过当代“主流科学共同体”的活动来呈现——对待自身理论目前尚无法解释的事物，通常只有两种态度：

第一种，坚决否认事实。在许多唯科学主义者看来，任何现代科学理论不能解释的现象，都是不可能存在的，或者是不能承认它们存在的。比如对于UFO，不管此种现象出现多少次，“主流科学共同体”的坚定立场是：智慧外星文明的飞行器飞临地球是不可能的，所有的UFO观察者看到的都是幻象。又如对于“耳朵认字”之类的人体特异功能，“主流科学共同体”发言人曾坚定表示，即使亲眼看见，“眼见也不能为实”，因为世界上有魔术存在，那些魔术都是观众亲眼所见，但它们都不是真实的。“主流科学共同体”为何要坚持如此僵硬的立场？原因很简单：只要承认有当代科学理论不能解释的事物存在，就意味着对当代科学至善至美、至高无上、无所不能的形象与地位的挑战。

第二种，面对当代科学理论不能解释的事物，将所有对此类事物的探索讨论一概斥之为“伪科学”，以此拒人于千里之外，以求保持当代科学的“纯洁”形象。此种态度颇有“鸵鸟政策”之风——对于这些神秘事物，你们去探索讨论好了，反正我们是不会参加的。

以上两种态度，最基本的共同点即为断然拒斥“怪力乱神”。“主流科学共同体”中的许多人相信，这种断然拒斥是为了“捍卫科学事业”，是对科学有利的。

那么问题已经相当清楚：一个能够容忍“怪力乱神”的博物学传统（相信“天下之大无奇不有”），必然是一个宽容而且开放的传统；同时又是一个能够敬畏自然，懂得与自然和谐相处的传统。这样的传统至少可以在两方面成为当代唯科学主义的解毒剂：

首先，在这个传统中，对于知识的探求不会画地为牢故步自封。事实上，即使站在科学主义立场上，也可以明显看出，断然拒斥“怪力乱神”实际上对于科学发展是有害的。人们都承认欧美发达国家科学技术领先，但他们那里对“怪力乱神”的宽容则常被我们视而不见。

其次，也许是更为重要的，这个传统中敬畏自然、与自然和谐相处的理念，恰可用来矫正当代唯科学主义理念带来的对自然界疯狂征服、无情榨取的态度。在这方面，这个传统与当代的环境保护、绿色生活等理念都能直接相通。

尾声

中国古代有没有科学：争论及其意义

关于中国古代有没有科学的论战

中国古代到底有没有科学？这个问题虽谈不上有多热，但多年来也始终未冷下来，时不时会被人提起，或在争论别的问题时被涉及。

在20世纪初的一些著名中国学者看来，这根本就不是问题——他们认为中国古代当然没有科学。例如，1915年任鸿隽在《科学》创刊号上发表《说中国无科学之原因》，1922年冯友兰在《国际伦理学杂志》上用英文发表《为什么中国没有科学——对中国哲学的历史及其后果的一种解释》一文，直到1944年竺可桢发表《中国古代为什么没有产生自然科学？》一文，意见都是相同的。

中国古代有没有科学，很大程度上是一个定义问题。在本世纪初那些最先提出中国为什么无科学这一问题的人士心目中，"科学"的定义是相当明确而一致的："科学"是指在近代欧洲出现的科学理论、实验方法、机构组织、评判规则等一整套东西。上述诸人不约而同都使用这一定义。这个定义实在是非常自然的，因为大家心里都明白科学确实是从西方来的，在中国传统语汇中甚至没有“科学”这样一个词。

然而进入20世纪90年代后，中国古代有没有科学却越来越成为一个问题了——因为许多学者极力主张中国古代是有科学的。于是“有”“无”两派，各逞利辩，倒是使得关于这一问题的思考深度和广度都有所拓展。

20世纪90年代初，拙著《天学真原》出版后，逐渐被“无”派当作一把有用的兵刃，不时拿它向“有”派挥舞——因为此书用大量史料和分析，论证了中国古代不存在现代意义上的天文学，这被认为不但在客观上从一个学科为“无”派提供了证据，并且还提供了新的论证思路。

另一方面则是“有”派的论证，比如先改变科学的定义，把科学定义成一种中国古代存在着的东西（至少是他们认为存在着的），然后断言中国古代有科学。谁都知道，只要在合适的定义之下，结论当然可以要什么有什么，只是这样做在实际上已经转换了论题。又如，因为“无”派通常认为现代科学的源头在古希腊，于是就试图论证西方古代也不存在科学，比如论证古希腊也不存在科学的源头，因此要么古代中国和西方半斤八两，大家没有科学；要么就允许使用极为宽泛的定义——这样就大家都有科学。

科学的定义和起源

美国威斯康星大学科学史教授戴维·林德伯格（David C. Lindberg）是中世纪科学史方面的权威，著有《西方科学的起源》一书，该书有一个极为冗长的副标题："公元前六百年至公元一千四百五十年宗教、哲学和社会建制大背景下的欧洲科学传统"。林氏所谓的"科学"，就是指公元1450年之后的现代科学，他的"科学"定义，和当年任鸿隽、冯友兰、竺可桢等中国人所用是一样的。至于"科学"的起源，林氏主张考察公元前600年—公元1450年间的欧洲科学传统，他主张现代科学的源头在古希腊。在此前提之下，他还强调中世纪与早期近代科学之间是连续的。

与此相比，国内"有"派人士则往往乐意采用宽泛无边的定义，例如，将"科学精神"定义为"实事求是"，听起来似乎也有道理，但这样的"科学精神"肯定已经在世界各民族、各文明中存在了几千几万年了，这样的"科学精神"又有什么意义呢？采用任何类似的定义，虽然从逻辑上说皆无不可，但实际上无法导出有益的讨论。

再进一步来看，欧洲天文学至迟自希巴恰斯以下，每一个宇宙体系都力求能够解释以往所有的实测天象，又能通过数学演绎预言未来天象，并且能够经得起实测检验。托勒密、哥白尼、第谷、开普勒乃至牛顿的体系，全都是根据上述原则构造出来的。而且，这一原则依旧指导着今天的天文学——在古希腊是几何的，牛顿以后则是物理的；也不限于宇宙模型，比如还有恒星演化模型等。然后用这模型演绎出未来天象，再以实测检验之。合则暂时认为模型成功，不合则修改模型，如此重复不已，直至成功。

当代著名天文学家当容（A. Danjon）对此说得非常透彻："自古希腊的希巴恰斯以来两千多年，天文学的方法并没有什么改变。"其实恩格斯早就论述过类似的观点："随着君士坦丁堡的兴起和罗马的衰落，古代便完结了。中世纪的终结是和君士坦丁堡的衰落不可分离地联系着的。新时代是以返回到希腊人而开始的。……如果理论自然科学史研究想要追溯自己今天的一般原理发生和发展的历史，它也不得不回到希腊人那里去。"

但是还有一个问题：既然古希腊有科学的源头，那古希腊之后为何没有接着出现近现代科学，反而经历了漫长的中世纪？对于这一质问，我觉得最好的回应就是中国的成语"枯木逢春"——在漫长的寒冬看上去已经死掉的一株枯木，逢春而新绿渐生，盛夏而树荫如盖，你怎么能因为寒冬时它未出现新绿，就否认它还是原来那棵树呢？事物的发展演变需要外界的条件。中世纪欧洲遭逢巨变，古希腊科学失去了继续发展的条件，直等到文艺复兴之后，才是它枯木逢春之时。

争论的现实意义

面对近年有那么多人士加入关于中国古代有没有科学的争论，有人曾提出一个值得思考的疑问——你们到底为什么要争论这个问题呢？事实上，这个问题有着明显的现实意义。

许多“有”派人士希望，证明中国古代有科学可以拓展他们的研究领域，并使他们的某些活动更具学术色彩。因为他们中的许多人对阴阳、五行、八卦、星占、炼丹、风水之类的中国古代方术怀有长盛不衰的热情，他们热切地希望为这些“东方的智慧”正名，要让这些东西进入科学殿堂。

而“无”派人士之所以坚持使用现代意义上的“科学”定义，拒绝各种宽泛定义，一个重要原因是担心接受宽泛的“科学”定义会给当代的“伪科学”开启方便之门。如果站在科学主义的立场，主张对伪科学斩尽杀绝，那这样的担心当然是有道理的；但在主张对伪科学持宽容态度的人来看，这样的担心就是多余的了。

国内科学史圈子里有一个著名的八卦——其实是真实的故事：有一位科学史前辈，曾质问一个正在中国科学院自然科学史研究所攻读科学史博士学位而又主张中国古代没有科学的年轻人说：你既然认为中国古代没有科学，还来这里干什么？

这个八卦的意义在于，提示了中国古代有没有科学的问题可以直接引导到“为什么要研究科学史”这个问题。许多人士——包括一些科学史研究者在内——认为，科学史研究的任务，主要就是两条：一是通过“发现历史规律”去促进未来科学的发展；二是在历史上“寻找”科学。

不幸的是，这两条至少都是镜花水月，甚至是自作多情的。

正如林德伯格所言：“如果我们的目标只是解决现代科学中的难题，我们就不会从了解早期科学史中获得任何裨益。”科学发展有没有“规律”，有的话能不能被“发现”，迄今都尚无任何明确证据。因此不能指望研究科学史会解决现代科学中的难题，负责任的科学史研究者也不会向社会作出虚幻的承诺，说自己可以预见甚至“指导”未来科学的发展。

林氏还说：“如果科学史家只把过去那些与现代科学相仿的实践活动和信念作为他们的研究对象，结果将是对历史的歪曲。……这就意味着我们必须抵抗诱惑，不在历史上为现代科学搜寻榜样或先兆。”这样的论述，简直就像是专门针对某些中国学者而发的——当然实际上并非如此。